嘉兴新型职业农民培训系列教材

嘉兴花卉生产实用技术

石玉波　主编

中国农业大学出版社
·北京·

图书在版编目(CIP)数据

嘉兴花卉生产实用技术/石玉波主编. —北京:中国农业大学出版社,2016.11

ISBN 978-7-5655-1730-3

Ⅰ.①嘉… Ⅱ.①石… Ⅲ.①花卉-观赏园艺 Ⅳ.①S68

中国版本图书馆 CIP 数据核字(2016)第 270372 号

书　　名 嘉兴花卉生产实用技术
作　　者 石玉波　主编

策划编辑 梁爱荣　　**责任编辑** 梁爱荣
封面设计 郑　川　　**责任校对** 王晓凤
出版发行 中国农业大学出版社
社　　址 北京市海淀区圆明园西路 2 号　　**邮政编码** 100193
电　　话 发行部 010-62818525,8625　　读者服务部 010-62732336
编辑部 010-62732617,2618　　出 版 部 010-62733440
网　　址 http://www.cau.edu.cn/caup　　**e-mail** cbsszs@cau.edu.cn
经　　销 新华书店
印　　刷 涿州市星河印刷有限公司
版　　次 2016 年 11 月第 1 版　2016 年 11 月第 1 次印刷
规　　格 850×1 168　32 开本　9.375 印张　235 千字
定　　价 23.00 元

《嘉兴新型职业农民培训系列教材》编辑指导委员会

《嘉兴新型职业农民培训系列教材》编辑委员会

编写人员

主　　编　石玉波（嘉兴职业技术学院）

副 主 编　王　娟（嘉兴碧云花园有限公司）

　　　　　　周素梅（嘉兴碧云花园有限公司）

参编人员　张　琰（上海农林职业技术学院）

　　　　　　王　燚（山西林业职业技术学院）

　　　　　　王　凯（山西林业职业技术学院）

　　　　　　汪　霞（嘉兴职业技术学院）

◆◆◆◆◆ 内容简介

本教材是根据社会需求，为提高村级全科农技员的技能水平和综合素质而编写的培训教材。特别是结合职业资格证书的考核要求构建教材的知识与结构，以应用型、技能型人才培养为目标，突出以能力为本位，力求体现国内外当前的新知识、新技术。全书内容分为花卉的分类与识别、花卉繁殖技术、露地花卉生产技术、盆栽花卉生产技术、专类花卉生产技术、花卉病虫害防治六个部分。用通俗易懂的语言、形象直观的图片展示和实用的技术操作及最新的科技成果，形成一本图文并茂、好学易懂的技术手册。此书不仅是新型职业农民培训教材，还可做为浙江省农技员和广大农民学习和参考用书。

序

新型职业农民培育是事关“三农”发展的重大战略性问题，也是事关农业现代化的方向性问题。作为传统农业大市和统筹城乡先行地的嘉兴，近年来一直把培育新型职业农民作为重点工作来抓，依托农民院校和农广校为主平台，采取适应成人学习和农业生产规律的“分段式、重实训、参与式”培育方式，大力推行农民田间学校、送教下乡模式，逐步推进从“办班”到“育人”的转变。自 2014 年市农民学院成立以来，以“整合资源、创新机制、提高效益、构建平台”为原则，以培养农村实用人才、新型职业农民以及农村创业创新人才为重点，开设包含粮食生产技术、农产品电子商务、花卉苗木、果树种植技术等培训班，形成了“专家授课、学员交流、基地学习、考核评价”的培训模式，培养了近两千名的中高级农村实用人才，为推进农业转型发展和社会主义新农村建设注入了新活力，提供了新动能。

“十三五”时期，是全面建成小康社会的决胜期，也是传统农业向现代农业转化的关键时期，大量先进农业科学技术、高效率农业设施装备、现代化经营管理理念越来越多地被引入农业生产的各个领域，迫切需要加快构建职业农民队伍，形成一支高素质农业生产经营者队伍。培育新型职业农民需要有效的教育培训制度，不断提高教育培训的专业化、精准化、标准化水平，而教材建设是一项非常重要的基础性工作。这次市农民学院组织专家编写本乡本土的新型职业农民培训教材，在选题、内容、形式等方面进行了不同程度的探索，形成了第一批系列精品教材，为构建特色鲜明、内容全面、务实管用的区域教材体系开了一个好头。概括起来有三方面特点：一是选题准，实现与现代农业发展要求和农民需求对接，有利于新型职业农民综合素质、生产水平和经营能力全面提升；二是内容翔实，围绕嘉兴市主导产业全过程梳理，贴近农民生产生活实际；三是形式新，实现与农民学习特点和习惯对接，图文并茂、通俗易懂。

农业是国民经济的基础，农业现代化是国家现代化的重要组成部分，在大众创业、万众创新的时代潮流中，作为现代农业核心主体的新型职业农民必将大有可为。新形势意味着新任务，新阶段意味着新起点，各级各部门要坚持“政府主导、农民主体、需求导向、综合配套”的原则，把培育新型职业农民作为重要职责，放在突出位置，采取更加有力的措施推动各项工作落实到位。希冀农民学院以系列教材的编写为契机，进一步规范职业教学，提升培养质量，更好地满足新型职业农民多层次、多形式、广覆盖、经常性、制度化的教育培训需求，把新型职业农民培育打造成民心工程、德政工程，使农民学院真正成为农民终身学习的平台、创业创新的摇篮，为农业现代化建设提供有力支撑。

2016.10

前　言

本教材针对性强，能突出嘉兴本地及周边地区常见花卉的基本理论知识和技能。在内容选取以及编写过程中充分考虑生产实践的需要，将花卉生产的理论知识与实践技能紧密结合起来。教材中设置的典型项目，其工作流程绝大多数来源于花卉生产企业，学员通过相应项目学习后，基本上能够直接应用于实际工作岗位，实现教学与生产零对接。

本教材由长期从事相关内容教学的骨干教师和企业技术专家共同编写。嘉兴职业技术学院石玉波担任主编，负责起草制定了该培训教材的编写大纲，设计了教材的内容体系、知识点和典型的花卉生产案例，承担了绪论、花卉的分类与识别部分内容的编写，并对全书进行统稿；嘉兴碧云花园有限公司王娟和周素梅担任副主编，分别承担了露地花卉生产技术和盆栽花卉生产技术的编写；山西林业职业技术学院王凯、王燚负责花卉繁殖技术内容的编写；上海农林职业技术学院张琰负责专类花卉生产技术内容的编写；嘉兴职业技术学院汪霞负责花卉病虫害防治内容的编写。本教材在编写过程中，引用了一些图片，在此对原作者表示感谢。

该教材是嘉兴新型职业农民培训系列教材课题研究的主要成果之一。在该系列教材编辑指导委员会领导的大力支持下，本书编委成员历时 4 个月，精选章节，精心撰写，并经数次修改完善，最终定稿。在此，对各位领导的大力支持，以及执笔人员付出的辛勤劳动，一并表示感谢。在编写过程中，作者注意分析和借鉴国内已出版的多个版本的农民培训教材优缺点，总结了 10 多年来各地教育教学实践经验，深入研究不同课程内容的选取和内容的深度，按照工学结合农民人才培养模式的要求，该教材既有理论上的探索，又具有实践性和地域性。由于我们水平和经验有限，本书还存在许多瑕疵，敬请读者批评指正。

编　者

2016 年 9 月

目　录

绪　论

一、花卉的概念

花卉的含义有狭义和广义之分。狭义而言，"花"是植物的繁殖器官，"卉"是草的总称。狭义的花卉，仅指草本的观花和观叶植物，如一串红、鸡冠花、矮牵牛、菊花、芍药、唐菖蒲等；广义的花卉除指具有观赏价值的草本植物外，还包括草本或木本的地被植物、花灌木、开花乔木以及藤本植物等，如沿阶草、麦冬、二月兰、景天等地被植物；梅花、桃花、月季、山茶等花灌木类。总之，广义花卉是指植物体的某一部分具有较高的观赏价值，以观花、观叶、观芽、观茎、观果和观根为目的，并能美化环境，丰富人们文化生活的草本、木本植物的统称。

二、花卉产业的发展概况

从当前的整个经济发展趋势来看，花卉产业是当今世界发展最快、最新、发展前景最好的产业之一。根据相关的统计，世界花卉年消费额已远远超过 2 500 亿美元，其中，花卉行业发展较早、发展效益最好的国家主要有荷兰、肯尼亚、哥伦比亚、以色列等。

上述国家都为发展花卉产业制定了相应的扶持政策，以此来促进国家花卉产业的进一步发展。目前我国已经慢慢成为世界花卉生产大国和消费大国。中国的花卉产业在积极发展国内市场的同时，更加注重国际市场的开拓和发展。中国目前的主要花卉生产基地有云南、广东、福建，上述地方的产品，远销到日本、韩国、荷兰、美国、新加坡和泰国等多个国家。

(一)我国花卉产业发展现状

1. 花卉产业蓬勃发展

近年来，我国花卉产业发展迅速，尤其是进入 21 世纪以来，一直稳定在 130 万 hm^2 左右。而且花卉销售额也突破了 1 500 亿元，出口额甚至达到了 10 亿美元，为我国提供了 150 万个新增就业岗位。可以说，我国已经成为世界上最大的花卉生产国，花卉贸易正逐渐成为我国对外出口贸易新的增长点。

2. 花卉产品结构调整

目前，除了盆花和园林苗木生产外，一些经济效益高的鲜切花、观叶植物、草坪等也得到迅速发展。在盆花方面，我国开始不断从国外引进一大批优良盆花品种，如比利时杜鹃、郁金香、兰花等，并开始大批量生产。

3. 花卉需求量不断增加

近年来，保护生态环境、建设环境友好型社会、加强生态建设一直是我国强调的基本政策，各级政府为积极响应该项号召，都在努力加强本地区的城市绿化建设，改善人居环境，促使花卉苗木的需求量年年增加。随着我国城市化进程的不断推进，城市化建设也越来越朝着更宜居的方向发展，全国各个城市逐渐加大对城市绿化建设的投资。不断提高的国民生活水平促使人们对花卉的需求越来越多，花卉成了人们装饰家庭生活不可或缺的一部分。这些原因使得花卉需求量不断上升。

4. 花卉消费潜力巨大

近年来我国花卉消费水平虽然有所提高,但与发达国家相比还有相当大的差距。以鲜切花为例,荷兰人均年消费达150支,法国80支,美国30支,而我国按城镇人口计,人均只有11支,花卉消费的增长空间十分巨大。潜力巨大的国内市场,是我国花卉产业迅速发展的最大动力。

(二)我国花卉产业发展存在的问题

1. 花卉品种比较单一

花卉产业发展落后。我国虽素有"世界园林之母"的美称,但是花卉产业发展还是比国外先进水平落后许多,花卉品种比较单一。大多数品种都是来源于进口,甚至有的品种已经被国外育种商垄断了,使我国在世界花卉产业的利益分配中收之甚少。

2. 花卉产业生产技术较差

就目前我国的花卉生产情况而言,除了花卉品种主要依靠进口以外,部分生产技术也是引进国外的。然而,对这些国外引进的先进技术,花卉商们还要结合我国的气候、土壤和水质等环境因素对其进行适应性改造,这在一定程度上造成了我国现代化花卉栽培技术发展较为缓慢。

3. 花卉产业专业化程度较低

因现代化花卉产业发展的规范性与和专业性的需求,对生产设施和生产人员的要求也极为严格。目前,我国花卉的栽培设施主要以传统的日光温室、大棚等为主,对现代化智能温室的使用较少,花卉生产设备远远落后于国外先进的花卉栽培国家。同时,我国的花卉栽培人员专业素质也比较低的,专业人才相对较少。

(三)我国花卉产业发展战略

1. 推动花卉产业科技创新

首先,对我国的花卉种质资源进行彻底、充分的挖掘,培养具有竞争力的花卉品种来打破外国品种对我国花卉市场，甚至世界市场的垄断地位。另外，针对我国花卉产业专业化程度低、花卉市场发展不成熟的缺点，重点提高产业人员的专业化程度，推动科技创新和制定科学、规范的市场管理制度，建立一个智能化、集约化的花卉生产管理产业链条。

2.培养花卉产业人才

培养花卉产业人才是我国花卉产业发展战略之一。在花卉产业人才的培养中，应注意将应用能力和创新意识相结合，以此来提高花卉产业人才的专业素养以及花卉品种的质量。当然，对人才的培养最为重要的还是要加强花卉产业从业者对创新型人才的培养，要意识到创新型人才是花卉产业发展的重要组成部分。

3.建立现代花卉网络营销

现代化花卉网络营销模式是花卉产业发展战略的一部分，利用上网、鲜花拍卖等现代化交易方式，可以有效保证交易双方的权益不受侵害，促进花卉交易的公平。由于我国花卉市场物流发展也较为不成熟，为了降低花卉交易的风险和成本，研究花卉企业的网络营销，将会大大地促进花卉产品的流通，降低运行成本，减少销售中间环节，给生产者和消费者更大的实惠和便捷；同时将较好地稳定和均衡花卉生产，强化生产、加工、农资供应、流通之间的信息沟通。将现代化信息技术应用到其中，不仅能提高花卉交易的服务效率，对花卉的营销起到推动作用，而且还将带动整个花卉产业的长远发展。

三、花卉生产的意义和作用

1.花卉生产的经济效益及带动其他产业的发展

花卉作为商品，本身就有重要的经济价值。花卉生产是潜在的商品化生产，是一项重要的园艺生产，可以出口创汇，增加经济收入，改善人们生活条件，获得较高的经济效益。花卉产业的发展还可以带动其他相关产业的发展，如化肥、农药、容器、花具、基质材料等生产及鲜切花保鲜、包装储运业等。对化学工业、塑料工业、玻璃工业、陶瓷工业等也有极大的促进作用。许多花卉除观赏效果以外，还具有食用、药用、制茶、香料等方面的实用价值，如牡丹、芍药、桔梗、鸡冠、百合、贝母、石斛等药用植物；玉簪、玫瑰、茉莉、栀子花等香料植物。这些花卉在经济生产中可以因地制宜积极引种栽培。

2.花卉在园林建设中的作用

随着人们生活水平的提高，对于城市环境改善中花卉的需求量也日益增多，花卉在城市园林建设中的作用更加突出。花卉是园林绿化、美化和香化的良好材料，是用来装点城市园林、工矿企业、学校、会场及居室内外等的重要素材，用来构成各式美景、创造怡人的生活、休憩和工作环境。花卉对环境起到绿化的作用，让人们在绿色中得到放松。花卉美丽的姿态、色彩和怡人的香气，能给人以美的享受。它既能体现自然美，也能反映人类匠心独特的艺术美，它既是大自然色彩的来源，也是季节变化的标志，让人们从中体味到大自然的美好。花卉可以吸收二氧化碳和有害气体，放出氧气，并通过滞尘、分泌杀菌素等净化空气，使空气变得清新怡人，减少病害的发生。某些花卉对有害气体（如二氧化硫、氯气、臭氧、氟化氢等）特别敏感，在较低浓度下即可产生有害症状，可以用来监测环境污染。如百日草、波斯菊等可以监测二氧化硫和氯气；向日葵除可以监测二氧化硫外，还可以监测氮氧化物；矮牵牛、丁香等可以监测臭氧；唐菖蒲可以监测大气氟等。大面积种植地被植物，既可以调节空气温度和湿度，又可防风固沙、保护土壤等。

3.花卉在文化生活中的作用

花卉是美丽的自然产物，能给人以美的感受。不仅用于园林绿地中，还可以进行室内美化，装饰生活环境，丰富人们的日常生活。通过养花、赏花，可以丰富人们的业余生活，消除疲劳，促进身心健康，提高工作效率。随着人们文化素质的提高，花文化逐渐与社会物质文明和精神文明产生了密切的联系，成为良好文明的标志。纵观中国历代花卉事业的发展，可以看出，每当国泰民安、富强兴旺、科技文化昌盛的时代，人们种花、养花、赏花的兴趣和水平就得到提高，花卉事业就会得到发展，反之花卉业的发展就会受到摧残和破坏。人们将花卉人格化，并寄以深刻的寓意，从花中产生某种境界、联想和情绪，赋予花卉丰富的文化内涵，从而得到精神激励和精神享受，如梅、兰、竹、菊被誉为花中“四君子”，除常用于作画之外，还常将其拟人化，比喻不同的性格和境界。近二十几年来，由于科技水平和生活水平的不断提高，花卉的应用更加广泛。人们在婚庆、寿辰、宴会、探亲访友、看望病人、迎送宾客、庆祝节日及国际交往等活动中，把花作为馈赠的礼物，已成为时尚，并逐渐进入人们生活的各个角落。在国际交往中，花卉已成为表达敬意和友谊，增进团结，促进科学文化交流的最好方法。另外，花卉还有一定的教育意义，各种类别的花卉丰富多彩，在欣赏之余，更有助于人们对自然的了解，增长科学知识。

第一章 花卉的分类与识别

我国花卉种类繁多,形态和习性各异,为了便于花卉的栽培管理和科学应用,有必要按照一定的标准将千姿百态的花卉划分为不同的类型。由于分类的依据不同,而有多种分类方法。

第一节 依花卉的生活周期和地下形态分类

一、一年生花卉

一年生花卉是指生命周期在一个生长季完成的草本花卉。这类花卉通常在春天播种,当年夏秋季节开花、结果、种子成熟,入冬前植株枯死,故也称为春播花卉。如凤仙花、鸡冠花、孔雀草、半枝莲、紫茉莉等。典型的一年生花卉多数原产于热带或亚热带,喜高温,不耐寒,遇霜即死亡。

二、二年生花卉

二年生花卉是生命周期需跨年度才能完成的草本花卉。这类花卉在秋季播种，翌年春季开花结实。如羽衣甘蓝、须苞石竹、金鱼草、金盏菊、三色堇、虞美人、桂竹香等。大多原产于温带，喜冷凉，有一定的耐寒性，忌炎热，遇高温死亡或生长不良。

三、多年生花卉

多年生花卉是指个体寿命在 3 年或 3 年以上，多次开花结实的草本花卉。根据其地下器官的形态可以分为宿根花卉和球根花卉。

1. 宿根花卉

宿根花卉是指地下部分形态正常，不发生变态肥大的多年生花卉。根据其开花后整个植株或是仅地下部分能安全越冬可分为常绿宿根花卉和落叶宿根花卉。常绿宿根花卉有兰花、君子兰、麦冬等；落叶宿根花卉如菊花、芍药、玉簪、蜀葵、鸢尾、萱草、耧斗菜、落新妇等。

2. 球根花卉

这一类花卉地下根或地下茎已变态为膨大的根或茎，以其贮藏水分、营养度过休眠期的花卉。根据球根花卉的栽植时间一般分为秋植类球根花卉（鸢尾、郁金香等）和春植类球根花卉（美人蕉、唐菖蒲等）。根据形态的不同可分为 5 种类型：鳞茎、球茎、块茎、根茎和块根。

鳞茎花卉地下茎膨大呈扁平球状，由许多肥厚鳞片相互抱合而成的花卉。如水仙、风信子、郁金香、百合、石蒜等。

球茎花卉地下茎膨大呈球形，茎内部实质，表面有环状节痕附有侧芽，顶端有肥大的顶芽的花卉。如唐菖蒲、小苍兰、番红花、荸荠等。

块茎花卉地下茎变态膨大呈块状，它的外形不整齐，表面无环状节痕，块茎顶部分布大小不同发芽点的花卉。如仙客来、大岩桐、球根海棠、白头翁、马蹄莲、彩叶芋等。

根茎花卉地下茎膨大呈粗长的根状，外形具有分枝，有明显的节间，节间处有腋芽，由节间腋芽萌发而生长的花卉。如美人蕉、荷花、睡莲、鸢尾等。

块根花卉地下根膨大呈纺锤体形状，芽着生在根颈处，由此处萌芽而生长的花卉。如大丽花、花毛茛等。

四、木本花卉

指植株茎木质化，木质部发达，枝干坚硬，难折断的木本花卉。

1. 小乔木花卉

指由独立主干萌发侧枝，形成一定形状的树冠；根系分有主根系和须根系的花卉。包括落叶小乔木花卉（梅花、夹竹桃、栀子花、六月雪、结香、瑞香、扶桑、冬珊瑚等）和常绿小乔木花卉（杜鹃花、山茶花、桂花、橡皮树、九里香、柠檬、金橘、苏铁、南洋杉、罗汉松、榕树、变叶木等）。

2. 小灌木花卉

植株茎干直立坚硬挺拔，由根际萌发丛生状枝条的花卉。包括落叶小灌木花卉（牡丹、月季、蜡梅、迎春、枸杞、贴梗海棠等）和常绿小灌木花卉（南天竹、十大功劳、茉莉花、红叶小檗等）。

第二节　依花卉原产地气候型分类

一、中国气候型（大陆东岸气候型）

该气候型的特征是冬寒夏热，年温差较大，夏季降雨量较多。是耐寒宿根花卉及部分球根花卉的自然分布中心。主要花卉有中国水仙、中国石竹、山茶、杜鹃、百合、菊花、牡丹、唐菖蒲、芍药、美女樱、鸢尾、蔷薇等。

二、欧洲气候型(大陆西岸气候型)

该气候型的特征是冬夏温差较小,冬季温暖,夏季凉爽,降雨量四季较为均匀。是较耐寒一二年生花卉及部分宿根花卉的自然分布中心。主要花卉有雏菊、紫罗兰、矢车菊、漏斗菜、羽衣甘蓝、三色堇、勿忘我等。

三、地中海气候型

该气候型的特征是夏季气候干燥,从秋季至次年春末降雨量较多,冬季最低气温 6～7℃,夏季为 20～25℃。主要花卉有夏季休眠的秋植球根花卉和喜温暖的一二年生花卉。如仙客来、君子兰、鹤望兰、风信子、小苍兰、天竺葵、瓜叶菊、金盏菊、蒲包花、羽扇豆、金鱼草等。

四、墨西哥气候型(热带高原气候型)

热带和亚热带高原地区,周年温度都在 14～17℃,温差小,降雨量充沛,多集中于夏季。是不耐寒、喜凉爽的一年生花卉、春植球根花卉及温室花木类的自然分布中心。主要花卉有大丽花、晚香玉、球根秋海棠、藿香蓟、百日草、万寿菊、波斯菊、一品红、旱金莲等。

五、热带气候型

热带气候型全年高温,温差较小,降水量丰富,但不均匀,有雨季和旱季之分。是一年生花卉、温室宿根花卉、春植球根花卉及温室木本花卉的自然分布中心。主要花卉有鸡冠花、凤仙花、紫茉莉、牵牛花、长春花、彩叶草、虎尾兰、大岩桐、朱顶红、卡特兰、美人蕉、变叶木、竹芋等。

六、沙漠气候型

沙漠地区因年降雨量少，气候干旱，仅有多浆植物分布，因此，是仙人掌和多浆植物的自然分布中心。主要花卉有仙人掌、芦荟、龙舌兰等。

七、寒带气候型

寒带气候型冬季寒冷而漫长，夏季凉爽而短促。生存在这样条件下的植物生长期只有 2～3 个月。主要表现为植株低矮，生长缓慢，常成垫状。是高山植物和耐寒性植物的自然分布中心，主要有龙胆、雪莲。

第三节　依花卉栽培方式分类

一、露地栽培

指在露地播种或在保护地育苗，但主要的生长开花阶段在露地完成的一种栽培形式。

二、盆花栽培

花卉栽植于花盆或花钵的生产栽培方式。北方的冬季实行温室栽培生产，南方实行遮阳栽培生产。是国内花卉生产栽培的主要方式。

三、切花栽培

指用于插花装饰的花卉的生产栽培，也叫切花栽培。一般采用保护地栽培，生产周期短，见效快，可规模生产，能周年供应鲜花，是国际花卉生产栽培的主要方式。

四、促成栽培

指为满足花卉观赏的需要，人为应用技术处理，使花卉提前开花的生产栽培方式。

五、抑制栽培

与促成栽培相反，指为满足花卉观赏的需要，人为应用技术处理，使花卉延迟开花的生产栽培方式。

六、无土栽培

应用营养液、水、雾（气）、基质来代替土壤栽培的生产方式。一般在现代化温室内进行规模化生产栽培。

第四节　依花卉观赏部位分类

一、观花花卉

以观花为主的花卉，多为开花繁多、花色艳丽的木本和草本植物，如杜鹃、扶桑、牡丹、山茶、仙客来以及众多一二年生草花。

二、观叶花卉

以观叶为主，花形不美丽或花的颜色平淡、很少开花。但叶色、叶形奇特或带彩色条斑，富于变化，具有很高的观赏价值，如变叶木、苏铁、龟背竹、花叶芋、雁来红、彩叶草、蔓绿绒、旱伞草、蕨类植物等。

三、观茎花卉

这类花卉的茎、分枝常发生变态，婀娜多姿，具有独特的观赏价值。如仙人掌类、竹节蓼、佛肚竹、假叶树、光棍树、霸王鞭等。

四、观果花卉

以观果为主的花卉，植株的果实形态奇特，艳丽悦目，挂果时间长，且果实干净，可供观赏。如五色椒、金银茄、金珊瑚、金橘、佛手、乳茄等。

五、观姿花卉

有些花卉的其他部位或器官具有观赏价值，如马蹄莲、安祖花、一品红、叶子花等观赏其美丽、形态奇特的苞片；银芽柳可观赏毛笔状、银白色的芽。

六、芳香花卉

有些花卉香味浓郁，花期较长。如米兰、白兰花、茉莉花、栀子花、丁香、含笑、桂花等。

第五节　依花卉开花季节分类

根据长江中下游的气候特点，从传统的二十四节气的四季划分法出发，依据诸多花卉开花的盛花期进行分类可以分为以下四类：

一、春季花卉

指在2～4月期间盛开的花卉。如金盏菊、虞美人、郁金香、花毛茛、风信子、水仙、山茶花、杜鹃花、牡丹花、梅花、报春花等。

二、夏季花卉

指在 5～7 月期间盛开的花卉。如石榴花、月季花、紫茉莉、凤仙花、金鱼草、荷花、火星花、芍药、石竹等。

三、秋季花卉

指在 8～10 月期间开花的花卉。如桂花、一串红、菊花、万寿菊、石蒜、翠菊、大丽花等。

四、冬季花卉

指在 11 月至翌年 1 月期间开花的花卉。因冬季严寒，长江中下游地区露地栽培的花卉能冬季花朵开放的种类较少，如水仙花、蜡梅、一品红、仙客来、蟹爪兰等。

第六节　依园林用途分类

一、花坛花卉

花坛花卉指园林中可以用来布置各类花坛的花卉，多数为一二年生花卉及球根类花卉，如一串红、三色堇、郁金香、风信子等。除此之外，一些低矮、观赏性强、耐修剪的灌木也可以用于布置花坛。

二、花境花卉

指园林中可以用来布置花境的花卉，多数为宿根花卉，如飞燕草、萱草、鸢尾类等，也可用中小型灌木或灌木与宿根花卉混合布置花境。

三、水生和湿生花卉

水生和湿生花卉指用于美化园林水体及布置于水景园的水边、岸边及潮湿地带的多年生草本花卉。按其生态分为4种。

挺水植物:根生于泥水中,茎、叶挺出水面而生长开花。如荷花、千屈菜等。

浮水植物:根生于泥水中,茎、叶不挺立,叶片浮在水面而生长开花。如睡莲、王莲等。

沉水植物:根生于泥水中,茎、叶沉入水中生长,在水浅时偶有露出水面。如莼菜、里藻等。

漂浮植物:根伸展于水中,叶浮于水面,随水漂浮流动而生长。如浮萍、凤眼莲等。

四、岩生花卉

指用于布置岩石园的花卉。通常比较低矮、生长缓慢,对环境的适应性强,包括各种高山花卉以及人工培育的低矮花卉品种,如白头翁、报春花类等。

五、藤蔓类花卉

指主要用于篱垣棚架及垂直绿化的花卉,包括草质藤本及藤木类花卉,如牵牛、鸟萝、紫藤、凌霄等。

六、草坪植物

指用于建植草坪的植物,如野牛草、结缕草、狗牙根等。

七、地被植物

指用于覆盖园林地面的植物,如酢浆草、葱兰等。

八、室内花卉

指用于装饰和美化室内环境的植物，如杜鹃花类、仙客来、一品红等。

九、切花花卉

指剪切花、枝、叶或果用以插花及花艺设计的花卉，如现代月季、菊花、唐菖蒲、百合、康乃馨、银芽柳、蕨类等。

十、专类花卉

指具有相似的观赏特性、植物学上同科或同属，园艺学上同一栽培品种群或具有相似的生态习性，需要相似的栽培生境，且具有较高的观赏价值，常常组合在一起集中展示的花卉。如仙人掌和多浆类花卉、蕨类植物、食虫植物、凤梨类花卉、兰科花卉和棕榈类植物等。

第七节　160 种常见花卉

一、一二年生花卉(40 种)

一二年生花卉彩图

1. 一串红 *Salvia splendens*（图 1-1）

［别名］爆仗红（炮仗红）、象牙红。

［科属］唇形科鼠尾草属。

［识别要点］多年生草本植物，常作一二年生栽培。茎直立光滑，有四棱。叶对生，卵形，边缘有锯齿。总状花序顶生，小花 2～6 朵轮生，红色，唇形花冠，冠、萼同色，花萼宿存。常见变种有一串白、一串蓝、一串紫。

花期 7 月至霜降。小坚果，果期 10～11 月。

[应用] 是花丛、花坛、花带的主体材料，景观效果特别好。也可与美人蕉、矮万寿菊、翠菊、矮藿香蓟等植物配合布置。

2. 千日红 *Gomphrena globosa*（图 1-2）

[别名] 百日红、火球花。

[科属] 苋科千日红属。

[识别要点] 一年生直立草本，高 20～60 cm，全株被白色硬毛。茎粗壮，有灰色糙毛，幼时更密，节部稍膨大。叶片纸质，长椭圆形或矩圆状倒卵形，顶端急尖或圆钝，凸尖，基部渐狭，边缘波状。花多数，密生，成顶生球形或矩圆形头状花序，单一或 2～3 个，直径 2～2.5 cm，常紫红色，有时淡紫色或白色。胞果近球形，种子肾形，棕色，光亮。花果期 6～9 月。

[应用] 是花坛、花境的常用材料，头状花序经久不变，还可做花圈、花篮等装饰品。

图 1-1 一串红

图 1-2 千日红

3. 三色堇 *Viola tricolor*（图 1-3）

[别名] 蝴蝶花、人面花、鬼脸花、猫脸花。

[科属] 堇菜科堇菜属。

[识别要点] 二年生或多年生草本植物，常做一二年生栽培。

全株光滑,茎长而多分枝,常倾卧地面,株高10～40 cm。叶互生,基部有长柄,近心形;茎生叶叶片卵形,叶缘疏生锯齿;托叶宿存,基部羽状深裂。花大,单生于花梗顶端,花径4～10 cm,通常每花有紫、白、黄三色。蒴果椭圆形,呈三瓣裂。花期4～7月,果期5～8月。

[应用] 以露天栽种为宜,庭院布置上常地栽于花坛,也可布置花境、草坪边缘,盆栽皆适合。

4. 角堇 *Viola cornuta*(图1-4)

[别名] 小三色堇。

[科属] 堇菜科堇菜属。

[识别要点] 多年生草本,常做一年生栽培。株高10～30 cm,茎较短而直立,花有堇紫、大红、橘红、明黄及复色,近圆形。花期因栽培时间而异,花形与三色堇相同,但花径较小,花朵繁密。

[应用] 角堇的株形较小,花朵繁密,开花早、花期长、色彩丰富,是布置早春花坛的优良材料,也可用于大面积地栽或盆栽观赏。

图1-3 三色堇

图1-4 角堇

5. 夏堇 *Torenia fournieri*（图 1-5）

［别名］蝴蝶草、蓝猪耳。

［科属］玄参科蝴蝶草属。

［识别要点］一年生草本花卉。茎光滑四棱形，分枝多；叶对生，基部心脏形，叶缘有锯齿，叶脉明显。花在茎上部顶生或腋生，花唇形，上唇 2 裂不明显，下唇 3 裂，中央一片具黄斑。果实 5 棱形，成熟时种壳变黄，内有种子数十粒，褐色，细小。

［应用］适合阳台、花坛、花台等种植，也是优良的吊盆、地被花卉。

6. 万寿菊 *Tagetes erecta*（图 1-6）

［别名］臭芙蓉、万寿灯、蜂窝菊。

［科属］菊科万寿菊属。

［识别要点］多年生做一年生栽培；茎粗壮光滑，绿色或棕褐色；叶对生或互生，羽状全裂，裂片披针形或长圆形，锯齿，顶端锐尖，边缘有几个大腺体，全叶有臭味。头状花序单生，花黄色或橘黄色，舌状花有长爪、边缘皱曲；总花梗肿大。花期 5～10 月。瘦果线性黑色，有金属光泽。

图 1-5　夏堇

图 1-6　万寿菊

[应用] 可庭院栽培观赏或布置花坛、花境、花带，也可用于切花，花、叶可入药，花可做为食品添加剂生产原料。

7. 孔雀草 *Tagetes patula*（图 1-7）

[别名] 小万寿菊、红黄万寿菊、小芙蓉花、红黄草、臭菊花。

[科属] 菊科万寿菊属。

[识别要点] 一年生草本，高 30～100 cm，茎直立，通常近基部分枝，分枝斜开展。叶羽状分裂，裂片线状披针形，边缘有锯齿，齿端常有长细芒，齿的基部通常有 1 个腺体。头状花序单生，径 3.5～4 cm，顶端稍增粗；舌状花金黄色或橙色，带有红色斑；舌片近圆形，顶端微凹；管状花花冠黄色，具 5 齿裂。瘦果线形，基部缩小，黑色。花期 7～9 月。

[应用] 花色为橙色和黄色，极为醒目，是花坛、庭院的主体花卉。花叶可以入药，有清热化痰、补血通经的功效。

8. 五色草 *Alternanthera* spp.（图 1-8）

[别名] 红绿草、锦绣苋。

[科属] 苋科虾钳菜属。

[识别要点] 五色草，即绿草、大叶红、小叶红、黑草、白草（佛甲草）的统称，多年生草本做一二年生栽培。分枝呈密丛状；叶纤细，常具彩斑或异色；株丛紧密，耐低修剪。

图 1-7　孔雀草

图 1-8　五色草

[应用] 五色草类植株低矮，分枝性强，耐修剪，最适于模纹花坛。可用不同的色彩配置成各种花纹、图案、文字等平面或立体的形象。也可用于花坛和花境边缘及岩石园。

9. 彩叶草 *Coleus blumei*（图 1-9）

[别名] 老来少、五色草、洋紫苏、五彩苏。

[科属] 唇形科锦紫苏属。

[识别要点] 多年生常绿草本做一二年生栽培；全株有毛，茎四棱形，基部木质化。单叶对生，卵圆形，先端长渐尖，叶缘缺刻变化很多，叶面绿色，有淡黄、朱红、桃红、紫等色斑纹。顶生总状花序，花小，浅蓝色或浅紫色。主要观叶，整个生长期均可观赏。

[应用] 可做小型盆栽或配置图案花坛、植物镶边，花篮、花束的配叶使用。

10. 凤仙花 *Impatiens balsamina*（图 1-10）

[别名] 指甲花、急性子、女儿花。

[科属] 凤仙花科凤仙花属。

[识别要点] 一年生草本，高 60～100 cm。茎粗壮，肉质，直立，不分枝或有分枝，无毛或幼时被疏柔毛，下部节常膨大。叶互生，最下部叶有时对生。叶片披针形、狭椭圆形或倒披针形，先端

图 1-9　彩叶草

图 1-10　凤仙花

尖或渐尖，基部楔形，边缘有锐锯齿，基部常有数对无柄的黑色腺体。花单生或2～3朵簇生于叶腋，白色、粉红色或紫色，单瓣或重瓣。蒴果宽纺锤形，两端尖，密被柔毛。种子多数，圆球形，黑褐色。花期7～10月。

[应用] 是美化花坛、花境的常用材料，可丛植、群植和盆栽，也可做切花水养。

11. 长春花 *Catharanthus roseus*（图 1-11）

[别名] 日日春、日日草、日日新、四时春。

[科属] 夹竹桃科长春花属。

[识别要点] 多年生草本，可做一年生栽培。茎直立，多分枝。叶对生，膜质，倒卵状长圆形，叶脉在叶面扁平，在叶背略隆起，侧脉约8对。聚伞花序腋生或顶生，有花2～3朵，花色有红、紫、白、粉、黄等各种颜色，花朵中心有深色洞眼。蓇葖果，外果皮厚纸质，种子黑色，具有颗粒状小瘤。花期、果期几乎全年。

图 1-11　长春花

[应用] 适用于盆栽观赏或花坛、花境、海边、路边以及瘠薄旱地成片成带栽植。

12. 半枝莲 *Portulaca grandiflora*（图 1-12）

[别名] 龙须牡丹、松叶牡丹、大花马齿苋、太阳花、死不了。

[科属] 马齿苋科马齿苋属。

[识别要点] 一年生肉质草本花卉；茎匍匐状，叶尖形肉质圆棍状，互生，有时成对或簇生。花单生或数朵簇生枝顶，单瓣或重瓣，花色丰富，有白、淡黄、黄、橙、粉红、紫红等色或具斑嵌合体。蒴果盖裂，种子细小多数，具灰黑色金属光泽。

［应用］是装饰草地、坡地和路边的优良配花，亦可花坛边缘和花境栽植或盆花观赏。

13. 朱唇 *Salvia coccinea*（图 1-13）

［别名］小红花。

［科属］唇形科鼠尾草属。

［识别要点］一年生或多年生草本。茎直立，高达 70 cm，四棱形，具浅槽，分枝细弱，伸长。叶片卵圆形或三角状卵圆形，先端锐尖，基部心形或近截形，边缘具锯齿或钝锯齿，轮伞花序 4 至多花，疏离，组成顶生总状花序。花冠深红或绯红色，花柱伸出，先端稍增大。小坚果倒卵圆形，黄褐色，具棕色斑纹。花期 4～7 月。

［应用］可布置花坛或花境，亦可丛植于草坪之中。

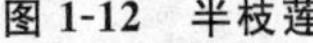

图 1-12　半枝莲

图 1-13　朱唇

14. 金鱼草 *Antirrhinum majus*（图 1-14）

［别名］龙头草（花）、龙口花、狮子花、洋彩雀。

［科属］玄参科金鱼草属。

［识别要点］多年生草本花卉做二年生栽培。株高 20～70 cm，叶基部对生，上部螺旋状互生，披针形，全缘。总状花序顶生，小花具短梗密生，二唇形，花冠筒状唇形，外被绒毛，基部膨大

图 1-14　金鱼草

呈囊状，上唇二浅裂，下唇平展至浅裂。花由花葶基部向上逐渐开放，有白、淡红、深红、肉色、深黄、浅黄、橙黄等色，花期长。

［应用］花色鲜艳丰富，中、高性品种是做切花的良好材料，也可用做花坛、花境的背景或中心布置。矮生、匍匐性品种除花坛、花境布置外也可做地被种植或盆栽。

15. 香雪球 *Lobularia maritima*（图 1-15）

［别名］庭芥、小白花、玉蝶球。

［科属］十字花科香雪球属。

［识别要点］多年生草本常做一二年生栽培。株高 15～25 cm，植株矮小，分枝多而匍匐生长。叶条形或披针形，全缘。总状花序顶生，总轴短，花朵繁密呈球形。花白色或淡紫色，微香，花期 3～6 月或 9～10 月。

［应用］是布置岩石园的优良花卉，可用于花坛、花境，也可盆栽或做地被等。

16. 百日草 *Zinnia elegans*（图 1-16）

［别名］步步高、步步登高。

［科属］菊科百日草属。

［识别要点］一年生草本花卉；茎直立粗壮，上被短毛，表面粗糙；叶对生无柄，叶基部抱茎，卵圆形至长椭圆形，全缘，上被短刚毛。头状花序单生枝端，梗长；舌状花一至多轮，色彩丰富；管状花集中在花盘中央，橙黄色，边缘分裂，花期 6～9 月。瘦果椭圆形、扁平。

［应用］花色丰富、花期长，可用做花带、花境或花丛。中、矮生品种也可栽植花坛和盆栽观赏。

图 1-15 香雪球

图 1-16 百日草

17. 勋章菊 *Gazania rigens*（图 1-17）

［别名］勋章花。

［科属］菊科勋章菊属。

［识别要点］多年生草本，做一二年生栽培。具根茎，叶丛生，披针形、倒卵状披针形或扁线形，全缘或有浅羽裂，叶背密被白绵毛。头状花单生，有长花梗，舌状花有棕色花纹，花有白、黄、橙等色，有光泽，花形奇特，花色丰富，其花心有深色眼斑，形似勋章；花朵晨开暮闭。

［应用］适宜花坛、容器、吊篮栽植，常用于园林镶边或地被栽植，也可盆栽或作切花。

18. 金盏菊 *Calendula officinalis*（图 1-18）

［别名］金盏花、长生花（菊）。

［科属］菊科金盏菊属。

［识别要点］多年生草本花卉做一二年生栽培。全株被软腺毛，有气味；茎直立，粗壮，多分枝。叶互生，长圆形至长圆状倒卵形，全缘，基部抱茎。头状花序单生，花淡黄至深橙红色，舌状花有黄、橙、白等色，也有重瓣、卷瓣、绿心等栽培品种。花期 4～

图 1-17　勋章菊

图 1-18　金盏菊

6 月。瘦果弯曲舟形，果熟期 5～7 月。

［应用］是重要的花坛、花境材料，也可做切花和盆花栽培。

19. 翠菊 *Callisrephus chinensis*（图 1-19）

［别名］江西腊、七月菊、蓝菊、五月菊。

［科属］菊科翠菊属。

［识别要点］一年生直立草本花卉。茎被白色糙毛、直立、粗壮，上部多分枝。叶互生，上部叶无柄、匙形；下部叶有柄，阔卵形或三角状卵形。叶缘具不规则的粗锯齿。头状花序单生枝顶，舌状花常为紫色，心部管状花为黄色，野生原种舌状花 1～2 轮，紫蓝色；栽培品种花色丰富，有白、黄、橙等色，也有全部转化为舌状花而呈重瓣的类型。花期 7～10 月。瘦果楔形，浅黄色。

［应用］高型品种应用于切花和背景花卉，中型品种适于花坛、花境，矮型品种可用于花坛或边缘材料，也可盆栽。

20. 雏菊 *Belllis perennis*（图 1-20）

［别名］春菊、延命菊、马兰头花。

［科属］菊科雏菊属。

［识别要点］多年生宿根草本花卉，做二年生栽培。植株矮小，叶基部簇生，长匙形或倒卵形，边缘具皱齿。头状花序单生茎

图 1-19 翠菊

图 1-20 雏菊

顶，高出叶面。舌状花一轮或多轮，有白、红、蓝、粉等色，筒状花黄色。花期暖地 2～3 月，寒地 4～5 月。

［应用］可装饰花坛、花带、花境或岩石园，条件适宜的情况下，可植于草地边缘，也可盆栽。

21. 蛇目菊 *Coreopsis tinctoria*（图 1-21）

［别名］小波斯菊、金钱菊、金钱梅。

［科属］菊科金鸡菊属。

［识别要点］一二年生草本。茎细弱，叶对生，具长柄，2 回羽状深裂至全裂，裂片线性或披针形。头状花序顶生，具细长总柄，总苞片外列短于内列。舌状花黄色，基部红褐色，端具裂齿；管状花紫褐色。花期 6～9 月。

［应用］可自然丛植或做切花、配植花坛和花境等。

22. 波斯菊 *Cosmos bipinnatus*（图 1-22）

［别名］秋英、扫帚梅、大波斯菊、秋樱。

［科属］菊科秋英属（波斯菊属）。

［识别要点］一年生草本花卉。茎纤细而直立，叶对生，2 回羽状全裂，裂片较稀疏，线性，全缘。头状花序顶生或腋生，总梗长，边缘舌状花先端截形或微有齿，有淡红、白、黄、粉、红紫等色，

图 1-21　蛇目菊

图 1-22　波斯菊

盘心黄色。观赏期 7 月至霜降。

[应用] 可用于花境、路边、花篱、花丛、草坪边缘或做为屏障种植，也可做地被植物或背景材料，是公路彩化的优良材料。

23. 麦秆菊 *Helichirysum bracteatum*（图 1-23）

[别名] 蜡菊、贝细工、干巴花。

[科属] 菊科蜡菊属。

[识别要点] 多年生草本花卉做一年生栽培。全株被微毛；茎粗硬直立，仅上部有分枝。叶互生，长椭圆状披针形。头状花序单生枝顶，总苞片多层含硅酸而呈膜质覆瓦状排列，外层苞片短，内部各层苞片伸长，酷似舌状花，有白、黄、橙、粉红等色；管状花黄色。花期 7～9 月。

[应用] 适宜做干花，也可用于花境或在林缘地带自然丛植。

24. 鸡冠花 *Celosia cristata*（图 1-24）

[别名] 红鸡冠。

[科属] 苋科青葙属。

[识别要点] 一年生花卉。茎粗壮直立，光滑具棱，少分枝。叶互生，卵状至线状变化不一。穗状花序肉质顶生，具丝绒般光泽，花序上部退化成丝状，中下部呈干膜质状，生不显著细小花。

图 1-23 麦秆菊

图 1-24 鸡冠花

花序有不同形状，有深红、鲜红、橙黄、黄、白等色。叶色与花色常有相关性。

［应用］是重要的花坛花卉，也可盆栽或制成干花。

25. 矮牵牛 *Petunia hybrida*（图 1-25）

［别名］碧冬茄、番薯花、灵芝牡丹。

［科属］茄科碧冬茄属。

［识别要点］多年生草本植物，常做一二年生栽培。株高20～60 cm，茎直立或匍地生长，全身被短毛。叶质柔软，卵形，全缘，上部叶对生，中下部互生。花单生于枝顶或叶腋，呈漏斗状，重瓣花球形，花白、紫或各种红色，并镶有它色边，非常美丽。北方花期 4 月至降霜，南方气候适宜可四季开花。蒴果卵形；种子细小，黑褐色，种子寿命 3～5 年。

［应用］是优良的花坛和种植钵花卉，广泛用于花坛、花境布置，花槽配置，景点摆设，窗台点缀，家庭装饰。

26. 紫罗兰 *Matthiola incana*（图 1-26）

［别名］草桂花、春桃、草紫罗兰。

［科属］十字花科紫罗兰属。

［识别要点］多年生草本做二年生栽培，株高 20～60 cm，全

图 1-25　矮牵牛

图 1-26　紫罗兰

株密被灰白色具柄的分枝柔毛。茎直立，多分枝，基部稍木质化。叶片长圆形至倒披针形或匙形，全缘，顶端钝圆。总状花序顶生，花梗粗壮，花瓣紫红、淡红或白色，长角果圆柱形，种子近圆形，扁平，深褐色，边缘具有白色膜质的翅。花期 4～5 月。

[应用] 可用于花坛、花境、花带，也可做盆花或切花。

27. 紫茉莉 *Mirabilis jalapa*（图 1-27）

[别名] 胭脂花、地雷花、夜饭花。

[科属] 紫茉莉科紫茉莉属。

[识别要点] 多年生草本做一年生栽培。高可达 1 m。茎直立，圆柱形，多分枝，开展，节稍膨大。叶片对生，卵形或卵状三角形，顶端渐尖。花数朵簇生总苞上，生于枝顶，缺花瓣，花萼花瓣状，喇叭形，有红、橙、黄、白等色或有斑纹二色相间等。傍晚开放，清晨凋谢，具香气。瘦果球形，革质，黑色，表面具皱纹，形似地雷。花期 6～10 月，果期 8～11 月。

[应用] 可庭院丛植。

28. 虞美人 *Papaver rhoeas*（图 1-28）

[别名] 丽春花、赛牡丹、小种罂粟花。

[科属] 罂粟科罂粟属。

[识别要点] 一二年生草本花卉。茎细长,全株都有疏毛。叶互生,羽状深裂,边缘锯齿,叶片主要生于分枝基部。花蕾单生于花梗的顶端,花瓣4枚组成圆形花冠,花瓣薄有光泽,花色丰富,有白、粉、红等色深浅变化或有不同颜色的边缘,轻盈秀美。蒴果杯形,顶部平截,种子褐色,极小。

[应用] 可布置花坛、花境以及庭院栽植,较适合成片栽植。

图1-27 紫茉莉

图1-28 虞美人

29. 羽衣甘蓝 *Brassica oleracea* var. *acephala* f. *tricolor*(图1-29)

[别名] 叶牡丹、花菜、牡丹菜。

[科属] 十字花科甘蓝属。

[识别要点] 二年生草本花卉。叶基生,平滑无毛,呈宽大匙形,被白粉。外部叶片呈粉蓝绿色,边缘呈细波状皱褶,内叶的叶色丰富。花葶比较长,有时高达160 cm,有小花20~40朵,黄色。

[应用] 耐寒性强,可做花坛、花境的布置及盆栽观赏。

30. 石竹 *Dianthus chinensis*(图1-30)

[别名] 中国石竹、洛阳花。

[科属] 石竹科石竹属。

[识别要点] 多年生草本植物，做一二年生栽培。株高 30～40 cm，茎直立，有节，多分枝，叶对生，条形或线状披针形。花萼筒圆形，花单朵或数朵簇生于茎顶，形成聚伞花序，花径 2～3 cm；花有大红、粉红、紫红、纯白、红等色和杂色，单瓣 5 枚或重瓣，先端锯齿状，微具香气。花期 4～10 月。蒴果矩圆形或长圆形，种子扁圆形，黑褐色。

[应用] 可用于花坛、花境、花台或盆栽，也可用于岩石园和草坪边缘点缀。大面积成片栽植时可做景观地被材料，还可做切花使用。

图 1-29 羽衣甘蓝　　**图 1-30 石竹**

31. 须苞石竹 *Dianthus barbatus*（图 1-31）

[别名] 五彩石竹、美国石竹。

[科属] 石竹科石竹属。

[识别要点] 多年生草本常做二年生栽培。株高 40～50 cm，茎粗壮直立，少分枝。叶较宽，中脉明显，花小而多，密集成聚散花序，花色有白色系、红色系及复色，花期 5～6 月。

[应用] 可用于花坛、花境或切花。

32. 毛地黄 *Digitalis purpurea*（图 1-32）

[别名] 洋地黄、自由钟。

［科属］玄参科毛地黄属。

［识别要点］多年生草本常做二年生栽培。株高 90～120 cm，少分枝，全体被灰白色短柔毛和腺毛。叶片卵圆形或卵状披针形，叶粗糙、皱缩，叶缘有圆锯齿，叶柄具狭翅，叶形由下至上渐小。顶生总状花序长 50～80 cm，花冠钟状，下垂。花紫红色，内面有浅白斑点。花期 5～6 月，果熟期 8～10 月，种子极小。

［应用］常用于花境、花坛中心材料及岩石园中，还可做自然式花卉布置。

图 1-31　须苞石竹

图 1-32　毛地黄

33. 银边翠 *Euphorbia marginata*（图 1-33）

［别名］高山积雪、象牙白。

［科属］大戟科大戟属。

［识别要点］一年生花卉。全株具有柔毛和白色乳液；茎直立，多分枝。叶卵形、长卵形或椭圆状披针形，无柄，全缘；顶部叶轮生或对生，下部叶互生，绿色，边缘白色，尤其是夏季开花时，顶端叶边缘或全部小叶银白色，为主要观赏部位。花小，具白色瓣状附属物，着生于上部分枝的叶腋处。花期夏季。

［应用］主要用于花坛配色，可片植。

34. 霞草 *Gypsophila elegans*（图 1-34）

［别名］满天星、丝石竹。

［科属］石竹科丝石竹属。

［识别要点］一二年生花卉。茎叶光滑，被白粉呈灰绿色；茎直立，叉状分枝，上部枝条纤细。单叶对生，上部叶披针形，下部叶矩圆状匙形。聚伞状花序顶生，稀疏而扩散，花小繁茂，犹如繁星，白色或粉红色。

［应用］可用于花丛、花境、岩石园，尤其适合与秋植球根花卉配植。常用于切花配花，也可制成干花。

图 1-33　银边翠

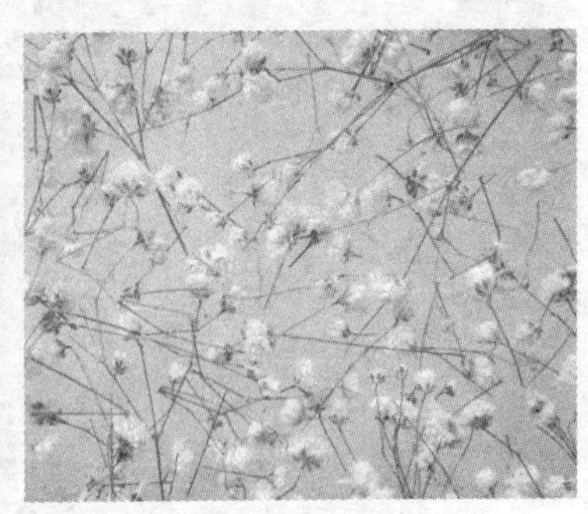

图 1-34　霞草

35. 藿香蓟 *Ageratum conyzoides*（图 1-35）

［别名］胜红蓟、蓝翠球。

［科属］菊科藿香蓟属。

［识别要点］多年生做一年生栽培。茎基部多分枝，株丛十分紧密；叶对生，卵形。花极小，头状花序璎珞状顶生，花朵质感细腻柔软，花瓣管状，色彩丰富。

［应用］是良好的花坛和地被植物，适宜花丛、花群、花带、花境、林缘或小径沿边种植，还可用于岩石园和盆栽。

36. 旱金莲 *Tropaeolum majus*（图 1-36）

［别名］金莲花、旱莲花、大红雀。

［科属］旱金莲科旱金莲属。

［识别要点］多年生草本常做一二年生栽培。茎细长半蔓性或倾卧。基生叶具长柄，叶片互生，具长柄，近圆形，形似莲叶而小。花单生叶腋，梗细长；花有乳白、橘红、紫红等色，花期 7～9 月（春播）或 2～3 月（秋播）。

［应用］可应用于地被、垂直绿化、吊盆或种于假山旁边。

图 1-35 藿香蓟

图 1-36 旱金莲

37. 雁来红 *Amaranthus tricolo*（图 1-37）

［别名］老来少、三色苋、老来娇。

［科属］苋科苋属。

［识别要点］一年生草本。茎直立，株高 80～150 cm，单一或少分枝。下部叶对生，上部叶互生，宽卵形、长圆形和披针形，基部常暗紫色。入秋后顶叶或连中下部叶变为黄色或艳红色，观叶期 8～10 月。花极小，穗状花序簇生于叶腋间，种子黑色有光泽。

［应用］庭院丛植、花境种植。

38. 醉蝶花 *Cleome spinosa*（图 1-38）

［别名］西洋白花菜、风蝶草、紫龙须、蜘蛛花。

[科属] 白花菜科白花菜属。

[识别要点] 一二年生草本植物。花茎直立，株高 60～100 cm，其茎上长有黏汁细毛，会散发一股强烈的特殊气味。掌状复叶互生，小叶 5～7 枚，为矩圆状披针形。总状花序顶生，边开花边伸长，花多数，花瓣 4 枚，淡紫色，具长爪，雄蕊特长，超过花瓣 1 倍多。花期在 6～10 月。蒴果圆柱形，种子浅褐色。

[应用] 适于布置花坛、花境或在路边、林缘成片栽植。也适于在庭院窗前屋后布置。

图 1-37 雁来红

图 1-38 醉蝶花

39. 美女樱 *Verbena hybrida*（图 1-39）

[别名] 草五色梅、铺地马鞭草、麻绣球、美人樱。

[科属] 马鞭草科马鞭草属。

[识别要点] 多年生草本植物做一二年生栽培。茎四棱形，丛生而匍匐地面，多分枝，全株具灰色柔毛。叶对生，有短柄，长圆形或披针状三角形，叶缘具不规则的钝锯齿。花序顶生或腋生多数小花密集排列呈伞房状，花冠筒状，花有白、粉、红、紫等色。花期 6～9 月。

[应用] 美女樱株丛矮密，花繁色艳，花期长，是花坛、花境、花带、花丛的好材料，也可盆栽观赏。

40. 羽叶茑萝 *Quamoclit pennata*（图 1-40）

［别名］茑萝松、游龙草、绕龙花、锦屏风。

［科属］旋花科茑萝属。

［识别要点］一年生蔓性草本花卉。茎细长光滑，单叶互生，羽状深裂，裂片整齐。花腋生，花冠高脚碟状，高出叶面，花色有深红色、白色和粉色，外形似五角星，筒部细长。蒴果卵形，种子长卵形黑色。

［应用］是绝佳的绿棚植物，可做矮篱或小型棚架，又可做景观墙。

图 1-39　美女樱

图 1-40　羽叶茑萝

二、宿根花卉（35 种）

宿根花卉彩图

1. 鼠尾草 *Salvia farinacea*（图 1-41）

［别名］洋苏草、普通鼠尾草、庭院鼠尾草。

［科属］唇形科鼠尾草属。

［识别要点］多年生草本。茎直立，四棱形。叶对生长椭圆形，灰绿色，叶表有凹凸状织纹，有香味。轮伞花序，组成伸长的总状花序或总状圆锥花序。花萼筒形，二唇形；花冠筒状，上唇椭圆形，下唇 3 裂，中裂片较大

倒心形。

[应用] 用于花坛、花境、盆栽、容器栽培等。

2. 玉簪 *Hosta plantaginea*（图 1-42）

[别名] 玉春棒、白鹤花、玉泡花、白玉簪。

[科属] 百合科玉簪属。

[识别要点] 多年生草本。具粗壮根状茎。叶基生成丛，具长柄，卵形至心状卵形，平行脉，端尖，基部心形。花葶高出叶面，顶生总状花序，每葶 10 多小花，花被筒长，下部细小，形似簪，白色，芳香，平展或稍上挺。花期 6～8 月。

[应用] 宜成片种植于林下，是良好的观叶观花地被植物。

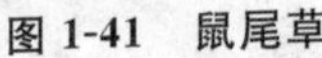

图 1-41　鼠尾草

图 1-42　玉簪

3. 矢车菊 *Centaurea cyanus*（图 1-43）

[别名] 蓝芙蓉菊。

[科属] 菊科矢车菊属。

[识别要点] 株高 60～80 cm。枝细长，多分枝，茎叶具白色绵毛。叶线形，全缘；基生叶大，锯齿或羽裂。头状花序顶生，具细长总梗，舌状花为漏斗状，中央花管状，呈白、红、蓝、紫等色，但多为蓝色。花期 4～6 月。

[应用] 高茎型品种可丛植、片植，作花境背景，或做切花、瓶

花。矮生品种可布置花坛、花境、草地镶边，也可盆栽观赏。

4. 菊花 *Dendranthema morifolium*（图 1-44）

[别名] 寿客、金英、黄华、秋菊、陶菊。

[科属] 菊科菊属。

[识别要点] 多年生草本。高 60～150 cm。茎直立，分枝或不分枝，被柔毛。叶互生，有短柄，叶片卵形至披针形，羽状浅裂或半裂。头状花序单生或数个集生于茎枝顶端，总苞片多层，外层绿色，条形，边缘膜质，外面被柔毛；舌状花白色、红色、紫色或黄色。花则有红、黄、白、橙、紫、粉红、暗红等色，培育的品种极多。花期 9～11 月。

[应用] 可盆栽、切花使用或做地被栽植。

图 1-43　矢车菊

图 1-44　菊花

5. 银叶菊 *Senecio cineraria*（图 1-45）

[别名] 雪叶菊。

[科属] 菊科千里光属。

[识别要点] 多年生草本。植株多分枝，叶为 1～2 回羽状分裂，正反面均被银白色柔毛。头状花序单生枝顶，花小、黄色，花期 6～9 月。

[应用] 与其他色彩的春色花卉配置栽植，效果极佳，是重要

的花坛观叶植物。

6. 萱草 *Hemerocallis fulva*（图 1-46）

［别名］黄花菜、金针菜。

［科属］百合科萱草属。

［识别要点］多年生草本。具短根状茎和粗壮的纺锤形肉质根。叶基生，宽线形，排成两列，背面有龙骨突起，嫩绿色。花葶细长坚挺，花 6～10 朵，呈顶生聚伞花序。初夏开花，花呈漏斗形，花被裂片长圆形，下部合成花被筒，上部开展而反卷，边缘波状，橘红色。

［应用］园林中多丛植或于花境、路旁栽植。耐半阴，可做疏林地被植物。

图 1-45　银叶菊

图 1-46　萱草

7. 香石竹 *Dianthus caryophyllus*（图 1-47）

［别名］康乃馨、狮头石竹、麝香石竹。

［科属］石竹科石竹属。

［识别要点］多年生草本。高 40～70 cm，全株无毛，粉绿色。茎丛生，直立，基部木质化，上部稀疏分枝。叶片线状披针形，长 4～14 cm，宽 2～4 mm，顶端长渐尖，基部稍成短鞘，中脉明显，上

面下凹，下面稍凸起。花常单生枝端，有时 2 或 3 朵，有香气，粉红、紫红或白色。蒴果卵球形，稍短于宿存萼。花期 5～8 月，果期 8～9 月。

[应用] 香石竹应用以切花为主，偶然用于花坛。

8. 美丽月见草 *Oenothera speciosa*（图 1-48）

[别名] 夜来香、待霄草粉晚樱草、粉花月见草。

[科属] 柳叶菜科月见草属。

[识别要点] 多年生草本。根圆柱状，茎直立，幼苗期呈莲座状，基部有红色长毛。叶片长圆状或披针形，边缘有疏细锯齿，两面被白色柔毛。花单生于茎、枝顶部叶腋，近早晨日出开放，花蕾绿色，锥状圆柱形，花丝白色至淡紫红色。蒴果圆筒形，先端尖，外被白色长毛，成熟后自然开裂。种子小，棕褐色，呈不规则三棱状。花期 4～11 月，果期 9～12 月。

[应用] 美丽月见草是一种优良的观赏型地被植物。

图 1-47 香石竹

图 1-48 美丽月见草

9. 铁线莲 *Clematis florida*（图 1-49）

[别名] 山木通、番莲、铁线牡丹。

[科属] 毛茛科铁线莲属。

［识别要点］多年生草质藤本。茎棕色或紫红色，具 6 条纵纹，节部膨大。叶对生，2 回 3 出复叶，小叶狭卵形至披针形，全缘。花单生或为圆锥花序，钟状、坛状或轮状，由萼片瓣化而成；萼片大，花瓣状，有蓝、紫、粉红、枚红、紫红、白等色。花期 6～9 月。园艺品种多，有重瓣、大花等。一般不结果，只有雄蕊不变态的始能结实，瘦果聚集成头状并具有长尾毛。

［应用］优良的垂直绿化植物和园林观花植物，可布置阳台、庭院，也可做切花。

10. 桔梗 *Platycodon grandiflorus*（图 1-50）

［别名］包袱花、铃铛花、僧帽花。

［科属］桔梗科桔梗属。

［识别要点］多年生草本。具白色肉质根，枝有乳汁。叶互生或 3 叶轮生，卵形或卵状披针形，端尖，边缘有锐锯齿，表面光滑，背面蓝粉色。花单生枝顶或数朵组成总状花序，含苞时，花冠形如僧帽，开花后花冠宽钟形，蓝紫色。蒴果。

［应用］适宜山水园林栽植或布置花坛、花境，以丛植为宜，也可做盆栽或切花。

图 1-49　铁线莲

图 1-50　桔梗

11. 天竺葵 *Pelargonium hortorum*（图 1-51）

［别名］洋绣球、石蜡红、日烂红、驱蚊草、洋蝴蝶。

［科属］牻牛儿苗科天竺葵属。

［识别要点］多年生草本。全株被细毛和腺毛，具异味，茎肉质。叶互生，圆形至肾形，通常叶缘内有马蹄纹。伞形花序顶生，总梗长，花色丰富，有单瓣重瓣之分，还有叶面具白、黄、紫色斑纹的彩叶品种。花期 5～6 月。

［应用］适用于室内摆放、花坛布置等。

12. 芍药 *Paeonia lactiflora*（图 1-52）

［别名］将离、离草、没骨花。

［科属］芍药科芍药属。

［识别要点］多年生草本。根肉质粗壮，茎丛生；叶互生，新叶红色，下部叶为 2 回 3 出复叶，上部为单叶；小叶片狭卵形、椭圆形或披针形。花大，单生或数朵生于枝顶或叶腋，具长梗。苞片 4～5，披针形。花瓣 9～13，单瓣或重瓣，花色多样。花期 4～5 月。

［应用］常成片种植或作带形栽植和林地边缘栽种，也可做切花。

图 1-51　天竺葵

图 1-52　芍药

13. 羽扇豆 *Lupinus polyphyllus*（图 1-53）

［别名］多叶羽扇豆、鲁冰花。

［科属］豆科羽扇豆属。

［识别要点］多年生草本。叶多基生，掌状复叶，小叶 9～16 枚。轮生总状花序，在枝顶排列紧密，长达 60 cm。花蝶形，蓝紫色。栽培有白、红、青等色以及杂交大花品种。花期 5～6 月。荚果被绒毛，种子黑色。

［应用］适宜布置花坛、花境或在草坪中丛植，也可盆栽或做切花。

14. 鸢尾 *Iris tectorum*（图 1-54）

［别名］蓝蝴蝶。

［科属］鸢尾科鸢尾属。

［识别要点］多年生草本。株高 30～40 cm。叶剑形，淡绿色，纸质。花葶高 35～50 cm，高于叶面，单一或有 1～2 分枝，着花 1～3 朵；花蓝紫色；重瓣倒卵形，具蓝紫色条纹，瓣基具褐色纹，瓣中央有鸡冠状突起，花期 5 月。蒴果长椭圆形或倒卵形，成熟时自上而下 3 瓣裂。种子黑褐色，果期 6～8 月。

［应用］花境、丛植、林下地被。

图 1-53　羽扇豆

图 1-54　鸢尾

15.堆心菊 *Heleniun autumnale*(图 1-55)

[别名] 翼锦鸡菊。

[科属] 菊科堆心菊属。

[识别要点] 多年生草本。叶披针形至卵状披针形,边缘具锯齿。头状花序顶生。舌状花柠檬黄色,花瓣阔,先端有缺刻。管状花黄绿色或带红晕,半球形。花期 7～10 月。

[应用] 多作为花坛镶边或布置花境,也可应用于地被。

16.大滨菊 *Chtydsnyhrmum mscimum*(图 1-56)

[别名] 西洋滨菊。

[科属] 菊科滨菊属。

[识别要点] 多年生草本。基生叶倒披针形具长柄,茎生叶无柄、线形。头状花序单生于茎顶,舌状花白色,有香气。管状花两性,黄色。花期 5～7 月。瘦果。

[应用] 多用于庭院绿化或布置花境,花枝是优良切花材料。

图 1-55 堆心菊

图 1-56 大滨菊

17.酢浆草 *Oxalis corniculata*(图 1-57)

[别名] 酸浆、三叶酸、三角酸、酸母。

[科属] 酢浆草科酢浆草属。

[识别要点] 多年生草本。全体有疏柔毛,茎匍匐或斜升,多

分枝。叶互生,掌状复叶有3小叶,倒心形,小叶无柄 。花单生或数朵集为伞形花序状,腋生,总花梗淡红色,与叶近等长;花瓣5,黄色,长圆状倒卵形。蒴果近圆柱状,5棱,有短柔毛,成熟时开裂将种子弹出。

[应用] 可做庭园、庭院布置,丛植、片植都可,是良好的地被材料,也可做花坛、花境镶边等。

18. 火炬花 *KnipHofia uvaria*(图1-58)

[别名] 火把莲。

[科属] 百合科火炬花属。

[识别要点] 多年生草本。地下部分具粗壮直立的短根茎,地上部茎极短。叶基生,广线形边缘内折成三棱状,有白粉。花葶高120 cm,高于叶丛。总状花序着生数百朵筒状小花,呈火炬形,花冠橘红色,花期6～7月。蒴果黄褐色,果期9月。

[应用] 优良的花境材料,也可做切花。

图1-57　酢浆草

图1-58　火炬花

19. 蓍草 *Achillea sibirca*(图1-59)

[科属] 菊科蓍属。

[识别要点] 多年生草本。茎直立,高60～100 cm,下部无毛,中部以上被较密的长柔毛,上部分枝。叶披针形,有少数齿。

头状花序多数,集成复伞房花序;总苞宽钟形或半球形。瘦果矩圆状楔形,具翅。花果期 7～9 月。

[应用] 花丛、花境。

20. 乌头 *Aconitum carmichaeli*(图 1-60)

[别名] 川乌头。

[科属] 毛茛科乌头属。

[识别要点] 多年生草本。茎高 100～130 cm,叶五角形,3 全裂,裂片有缺刻,革质而坚韧。顶生总状花序,花梗有毛,花成串侧向排列,深蓝紫色。花期 9～10 月。蓇葖果长圆形,种子黄色,多而细小。

[应用] 花境、丛植、切花。

图 1-59 蓍草

图 1-60 乌头

21. 耧斗菜 *Aquilegia uvlgaris*(图 1-61)

[别名] 漏斗菜、洋牡丹。

[科属] 毛茛科耧斗菜属。

[识别要点] 多年生草本。根肥大,圆柱形,少数分枝,外皮黑褐色。株高 15～50 cm。小叶菱状倒卵形或宽菱形,边缘有圆齿。花下垂,花序具少数花;萼片紫色,与花瓣同色。蓇葖果,种子黑色,光滑。

[应用] 适于布置花坛、花境、山水园及林缘或疏林下栽培。

22. 蜀葵 *Alcea rosea*（图 1-62）

[别名] 一丈红、熟季花、戎葵。

[科属] 锦葵科蜀葵属。

[识别要点] 多年生草本。茎直立挺拔，丛生，不分枝，全体被星状毛和刚毛。叶互生，叶片近心形或长圆形，基生叶片较大，叶片粗糙，叶柄长。总状花序，单生或 2～3 朵聚生叶腋；花大，小苞片 6～9 枚，花萼 5，花瓣 5，有白、粉、黄、红、紫等色，有单瓣和重瓣之分；花期 6～8 月。蒴果盘状，种子扁圆，肾脏形。

[应用] 可于建筑物旁、墙角、墙边及林缘地列植、丛植或点植，或作花境、树坛点缀栽植。

图 1-61　耧斗菜

图 1-62　蜀葵

23. 荷兰菊 *Aster novi-belgii*（图 1-63）

[别名] 反魂草、柳叶菊。

[科属] 菊科紫菀属。

[识别要点] 多年生草本。株高 50～100 cm。单叶互生，长圆形至线状披针形，近全缘，基部稍抱茎。头状花序伞房状，花较小，舌状花 1～3 轮，淡蓝、紫色或白色、桃红色，总苞片线形，端急

尖，微向外伸展。夏秋开花；瘦果，有冠毛。

［应用］是点缀山水园的极好花卉，也适宜布置花境、花坛、花台，在草地边缘丛植、片植，也可用于切花或制作花篮。

24. 紫菀 *Aster tataricus*（图 1-64）

［别名］青菀。

［科属］菊科紫菀属。

［识别要点］多年生草本。株高 40～200 cm。茎直立，粗壮，基部有纤维状枯叶残片且常有不定根，有棱及沟，被疏粗毛，有疏生的叶。基部叶在花期枯落，长圆状或椭圆状匙形，下半部渐狭成长柄。头状花序在茎和枝端排列成复伞房状；总苞半球形，紫红色。舌状花 1～3 轮，淡紫色。瘦果倒卵状长圆形，紫褐色。花期 7～9 月；果期 8～10 月。

［应用］可用于花丛、花坛、花境等。

图 1-63 荷兰菊

图 1-64 紫菀

25. 紫露草 *Tradescantia virginiana*（图 1-65）

［别名］美洲鸭跖草、紫叶草。

［科属］鸭跖草科紫露草属。

［识别要点］多年生草本。茎直立，圆柱形，淡绿色、光滑。叶广线形，淡绿色，叶面内折。顶生花序，由线状披针形苞片所包

被。花蓝紫色多朵簇生;萼片 3,绿色;花丝被蓝紫色念珠状长毛;花期 5～7 月。

[应用] 多用于花坛,道路两侧丛植效果较好,也可盆栽供室内摆设,或做垂吊式栽培。

26. 射干 *Belamcanda chinensis*(图 1-66)

[别名] 乌扇、乌蒲、黄远、夜干、乌吹。

[科属] 鸢尾科射干属。

[识别要点] 多年生草本。高 50～120 cm,根茎粗壮。叶剑形,扁平,稍被白粉。总状花序顶生,二叉分枝。花橘红色,外轮花瓣有深紫红小斑点。蒴果椭圆形,种子黑色,近球形。花期 7～9 月,果期 8～10 月。

[应用] 可用于花境、草坪、林缘、坡地边栽植。

图 1-65 紫露草

图 1-66 射干

27. 风铃草 *Campanula medium*(图 1-67)

[别名] 钟花、瓦筒花,风铃花。

[科属] 桔梗科风铃草属。

[识别要点] 二年生草本。株高 50～120 cm,多毛。莲座叶卵形至倒卵形,叶缘圆齿状波形,粗糙。叶柄具翅。茎生叶小而无柄。总状花序,小花 1 朵或 2 朵茎生。花冠钟状,花色有白、

蓝、紫及淡桃红等色。花期4～6月。

[应用] 花境、花坛、切花。

28. 荷包牡丹 *Dicentra spectabilis*（图1-68）

[别名] 荷包花、兔儿牡丹、铃儿草。

[科属] 罂粟科荷包牡丹属。

[识别要点] 多年生草本花卉。株高30～60 cm。茎直立，具肉质根状茎。叶对生，3出羽状复叶，裂片倒卵状，略似牡丹叶。总状花序偏居一侧，下垂拱形。花瓣4枚，分内外两层，外层2枚，基部联合膨大呈囊状，形似荷包，先端外卷，玫瑰红色；内层2枚，瘦长外伸，粉白色。花期4～6月。蒴果细而长，种子细小有冠毛。

[应用] 是盆栽和切花的优良材料，也适宜于布置花境和在树丛、草地边缘湿润处丛植，景观效果极好。

图1-67 风铃草

图1-68 荷包牡丹

29. 红花矾根 *Heuchera sanguinea*（图1-69）

[别名] 珊瑚钟。

[科属] 虎耳草科矾根属。

[识别要点] 多年生耐寒草本。开花时株高50 cm。叶基生，阔心形，叶缘波状，似瓜叶，深绿色。花梗细长，高高挺出叶面。

圆锥花序，疏生钟形小花，花有红和白色。花期5～9月。

[应用] 花境、丛植、岩石园。

30. 钓钟柳 *Penstemon campanulatus*（图1-70）

[别名] 象牙红。

[科属] 玄参科钓钟柳属。

[识别要点] 多年生草本。株高40～60 cm，全株被腺状软毛。茎直立丛生，多分枝。叶交互对生，披针形，具稀疏浅齿。圆锥形花序总状，花单生或3～4朵生于叶腋与总梗上，花紫、玫瑰红、紫红或白等色，具有白色条纹。花期5～6月或7～10月。

[应用] 花境、岩石园。

图1-69 红花矾根

图1-70 钓钟柳

31. 丛生福禄考 *Phlox subulata*（图1-71）

[别名] 芝樱、针叶天蓝绣球。

[科属] 花荵科福禄考属。

[识别要点] 为多年生常绿耐寒宿根草本花卉。株高10～15 cm。茎匍匐，丛生密集成垫状，基部稍木质化。叶多而密集，质硬，锥形。聚伞花序，花冠裂片倒心形，有深缺刻。花有粉红、雪青、白色或具条纹的多数变种与品种，花期3～4月。

[应用] 毛毡花坛、岩石园、护坡地被。

32. 宿根福禄考 *Phlox paniculata*(图 1-72)

[别名] 天蓝绣球、锥花福禄考。

[科属] 花荵科福禄考属。

[识别要点] 多年生草本。茎直立。叶呈十字形对生,上部常3叶轮生。塔形圆锥花序顶生,花冠呈高脚碟状,先端5裂。花期6~9月。园艺品种较多,色彩丰富,从白色、红色至蓝色,也有复色。

[应用] 可用于布置花坛、花境和点缀草坪,也可做盆栽和切花。

图 1-71 丛生福禄考

图 1-72 宿根福禄考

33. 穗花婆婆纳 *Veronica spicata*(图 1-73)

[科属] 玄参科婆婆纳属。

[识别要点] 多年生耐寒草本。叶对生,披针形至卵圆形,近无柄,具锯齿。总状花序顶生,紧密,花有蓝、白、粉三种颜色。花期6~8月。

[应用] 是布置花坛、花境的优良材料,也可在岩石园种植。

34. 薰衣草 *Lavandula angustifolia*(图 1-74)

[别名] 香水植物、灵香草、香草。

［科属］唇形科薰衣草属。

［识别要点］多年生草本或小矮灌木。多分枝，常见的为直立生长。叶互生，椭圆形披针形或叶面较大的针形，叶缘反卷。全株有油腺。穗状花序顶生，花冠下部筒状，上部唇形，上唇 2 裂，下唇 3 裂。有蓝、深紫、粉红、白等色，常见为紫蓝色。花期 6～8 月。

图 1-73　穗花婆婆纳

图 1-74　薰衣草

［应用］适合做花境或道路旁边成行成片种植，也可做香花植物。

35. 翠芦莉 *Aphelandra ruellia*（图 1-75）

［别名］蓝花草、兰花草。

［科属］爵床科单药花属。

图 1-75　翠芦莉

［识别要点］多年生常绿草本。地下根茎蔓延生长，形成交织的水平根茎网。茎略呈方形，具沟槽，红褐色。单叶对生，线状披针形。叶暗绿色，新叶及叶柄常呈紫红色。叶全缘或疏锯齿。花腋生，花

冠漏斗状,5 裂,具放射状条纹,多蓝紫色,少数粉色或白色。花期 3～10 月,开花不断。蒴果。种子细小如粉末状。

[应用] 应用于庭院美化或盆栽、花境、花坛、岩石园等。

三、球根花卉(15 种)

球根花卉彩图

1. 白芨 *Bletilla striata*(图 1-76)

[别名] 凉姜、紫兰。

[科属] 兰科白芨属。

[识别要点] 多年生球根花卉。株高30～60 cm。具扁球形假鳞茎。茎粗壮、直立。叶互生,阔披针形,基部互相套叠成茎状,中央抽出花葶。总状花序顶生,花紫色或淡红色,花期 3～5 月。

[应用] 岩石园、与山石配植,丛植于林下、林缘,也可盆栽。

2. 美人蕉 *Canna generalis*(图 1-77)

[别名] 大花美人蕉、法国美人蕉。

[科属] 美人蕉科美人蕉属。

[识别要点] 多年生草本。地下具粗壮肉质根茎。叶大,互生,阔椭圆形,茎、叶被白粉。总状花序具长梗,花大,有深红、橙红、黄、乳白等色。花萼、花瓣被白粉,雄蕊 5 枚均瓣化成花瓣,圆

图 1-76 白芨

图 1-77 美人蕉

形,直立而不反卷。其中一枚雄蕊瓣化,向下反卷,为唇瓣。

［应用］适宜大片的自然栽植,或布置于花坛、花境、庭院隙地或做基础种植,矮生品种也可盆栽观赏。

3. 朱顶红 *Amaryllis rutilum*（图 1-78）

［别名］孤挺花、朱顶兰。

［科属］石蒜科孤挺花属。

［识别要点］多年生草本。鳞茎球形。叶二列状着生,带状,略肉质,与花同时或花后抽出。花葶粗壮,直立而中空,自叶丛外侧抽出,高出叶丛,顶端着花 4～6 朵,两两对生略呈伞状。花漏斗状,平伸而下垂,花色丰富。

［应用］适宜盆栽,也可配置花境、花丛或做切花。

4. 花毛茛 *Ranunculus asiaticus*（图 1-79）

［别名］波斯毛茛、芹菜花。

［科属］毛茛科毛茛属。

［识别要点］多年生草本。地下具纺锤状小块根,多数聚生于根茎部。基生叶阔卵形、椭圆形或三出状,叶缘具粗钝锯齿,具长柄。茎生叶羽状细裂,无柄。花单生枝顶或数朵着生于长梗上,花瓣平展,多为上下两层,每层 8 枚。花色丰富。

图 1-78　朱顶红

图 1-79　花毛茛

[应用] 多配置于林下树坛之下、建筑物北侧或草坪一角，也可盆栽布置室内。

5. 大丽花 *Dahlia pinnata*（图 1-80）

[别名] 大理花、西番莲、天竺牡丹。

[科属] 菊科大丽花属。

[识别要点] 多年生草本。地下具肥大纺锤状的肉质块根。叶对生，1～3 回羽状分裂，裂片呈卵形或椭圆形，边缘具粗钝锯齿。茎中空，直立或横卧。头状花序顶生或腋生，具总长梗，舌状花色彩丰富，管状花黄色，两性。总苞片状，两轮，外轮小，多呈叶状。

[应用] 可布置花坛、花境或丛植，也可盆栽和做切花。

6. 唐菖蒲 *Gladiolus hybridus*（图 1-81）

[别名] 剑兰、十样棉。

[科属] 鸢尾科唐菖蒲属。

[识别要点] 多年生草本。球茎球形至扁球形，外被膜质鳞片。基生叶剑形，嵌叠为二列状，通常 7～9 枚。花葶自叶丛中抽出，穗状花序顶生。小花 8～20 朵，花冠漏斗状，色彩丰富。苞片绿色。

图 1-80 大丽花

图 1-81 唐菖蒲

［应用］广泛应用于花篮、花束和艺术插花，也可做庭院丛植。

7. 风信子 *Hyacinthus orientalis*（图 1-82）

［别名］洋水仙、五色水仙。

［科属］百合科风信子属。

［识别要点］多年生草本。鳞茎球形或扁球形，皮膜具光泽。叶 4～6 枚，基生，肥厚，带状披针形，具浅纵沟。花葶中空，总状花序顶生。小花 10～20 朵，密集，多横向生长，小花钟状，基部膨大，裂片端部向外反卷。花冠漏斗状，芳香，花色丰富。

［应用］适合早春花坛、花境布置及做园林镶边材料，也可冬季室内盆栽、水培。

8. 葡萄风信子 *Muscari botryoides*（图 1-83）

［别名］蓝壶花、葡萄百合。

［科属］百合科蓝壶花属。

［识别要点］多年生草本。鳞茎卵状球形，皮膜白色。基生叶线形，稍肉质，暗绿色，边缘略向内卷。花葶自叶丛中抽出，直立，圆筒状。总状花序密生，小花梗下垂，花型小，蓝色。

［应用］葡萄风信子植株低矮，习性强健，适合布置疏林草地和地被花卉。

图 1-82　风信子

图 1-83　葡萄风信子

9. 蛇鞭菊 *Liatris spicata*（图 1-84）

［别名］舌根菊、麒麟菊、猫尾花。

［科属］菊科蛇鞭菊属。

［识别要点］多年生草本。茎基部膨大呈扁球形，地上茎直立，株形锥状。叶线形或披针形，由上至下逐渐变小，下部叶长约 17 cm，平直或卷曲，上部叶 5 cm 左右，平直，斜向上伸展。头状花序排列呈密穗状，花序部分约占整个花葶长的 1/2。总苞紫色，小花由上而下地开放，花色分淡紫和纯白两种。

［应用］宜做花坛、花境和庭院植物，是优秀的园林绿化新材料。

10. 百合类 *Lilium* spp.（图 1-85）

［科属］百合科百合属。

［识别要点］多年生草本。地下具鳞茎，呈阔卵状球形或扁球形，由多数肥厚肉质的鳞片抱合而成，外无皮膜，大小因种而异。叶多互生或轮生，线形、披针形、卵形或心形，具平行脉，叶有柄或无柄。花单生、簇生或成总状花序；花大，有漏斗形、喇叭形、杯形和球形等。花色丰富，花瓣基部具蜜腺，芳香，花药丁字形着生。

图 1-84　蛇鞭菊

图 1-85　百合

［应用］宜片植疏林、草地或布置花境，商业栽培常做切花，也可盆栽。

11. *石蒜 Lycoris radiata*（图 1-86）

［别名］红花石蒜、漳螂花。

［科属］石蒜科石蒜属。

［识别要点］多年生草本。鳞茎椭圆状球形，皮膜褐色。叶基生，线形，晚秋叶自鳞茎抽出，至春枯萎。入秋抽出花茎，顶生伞形花序，着花 5～7 朵，鲜红色，具白色边缘。花被 6 裂，裂片狭倒披针形，边缘皱缩，反卷，花被片基部合生呈短管状。雌雄蕊长，伸出花冠并与花冠同色。

［应用］可在城市绿地、林带下自然式片植，布置花境，或点缀草坪、庭园丛植。

12. 中国水仙 *Narcissus tazetta* var. *chinensis*（图 1-87）

［别名］金盏银台、天蒜、玉玲珑。

［科属］石蒜科水仙属。

［识别要点］多年生草本。鳞茎肥大，卵状或近球形，外被棕褐色皮膜。叶基生，狭带状，排成互生二列状，基部有叶鞘包被。伞房花序顶生，花序外具膜质总苞。花葶直立，圆筒状中空。小花多为黄色或白色，侧生或下垂，浓香。

图 1-86　石蒜

图 1-87　中国水仙

[应用] 适宜室内案头、窗台点缀，或布置花坛、花境，疏林、草坪中成丛成片种植。

13. 郁金香 *Tulipa gesneriana*（图 1-88）

[别名] 草麝香、洋荷花。

[科属] 百合科郁金香属。

[识别要点] 多年生草本。地下具鳞茎，呈扁圆锥形，具棕褐色皮膜。茎、叶光滑具白粉。叶 3～5 枚，长椭圆状披针形或卵状披针形，全缘并呈波状。花单生茎顶，花冠杯状或盘状，花被内侧基部常有黑紫或黄色色斑。花被片 6，花色丰富。

[应用] 可做切花、盆花，或春季花境、花坛布置、草坪边缘呈自然带状栽植。

14. 葱兰 *Zephyranthes candida*（图 1-89）

[别名] 葱莲、白玉帘。

[科属] 石蒜科葱莲属。

[识别要点] 多年生常绿球根花卉。株高 10～20 cm。小鳞茎狭卵形，颈部细长。叶基生，肉质线形，具纵沟，稍肉质，暗绿色。花葶自叶丛一侧抽出，顶生一花，苞片白色膜质，或漏斗状，无筒部，白色或外侧略带紫红晕，花期 7～10 月。蒴果近球形。

图 1-88 郁金香

图 1-89 葱兰

[应用] 花坛、花境、丛植、地被或盆栽。

15. 香雪兰 *Freesia refracta*（图 1-90）

[别名] 小苍兰、洋晚香玉。

[科属] 鸢尾科香雪兰属。

[识别要点] 多年生草本。球茎圆锥形，外被棕褐色薄膜。基生叶线状剑形，质较硬，通常 6 枚。穗状花序顶生，每花序小花 5～10 朵，小花漏斗状，花序轴平生或倾斜，花偏生一侧，疏散而直立，芳香。

[应用] 可做室内盆花，也可做切花。

图 1-90　香雪兰

四、室内花卉(30 种)

室内花卉彩图

1. 红掌 *Anthurium andraeanum*（图 1-91）

[别名] 安祖花、火鹤花、红鹅掌。

[科属] 天南星科花烛属。

[识别要点] 常绿宿根花卉。具肉质根，无茎，叶从根茎抽出，具长柄，单生、心形，鲜绿色，叶脉凹陷。花腋生，佛焰苞蜡质，正圆形至卵圆形，鲜红色、橙红肉色、白色。肉穗花序螺旋状，圆柱状，直立。四季开花 。

[应用] 切花水养,切叶可做插花的配叶,也可做盆栽。

2. 四季海棠 *Begonia semperflorens*(图 1-92)

[别名] 瓜子海棠、四季秋海棠、蜡叶秋海棠。

[科属] 秋海棠科秋海棠属。

[识别要点] 常绿宿根花卉。具须根,茎直立,肉质,光滑。叶互生,有光泽,卵圆形至光卵圆形,边缘有锯齿,叶基部偏斜,绿色、古铜色和深红色。雌雄同株异花,聚伞形花序腋生,花色有红、粉和白等色。蒴果三棱形。

[应用] 可布置夏季花坛,也可室内栽植美化居室。

图 1-91 红掌

图 1-92 四季海棠

3. 蒲包花 *Calceolaria herbeohybrida*(图 1-93)

[别名] 荷包花。

[科属] 玄参科蒲包花属。

[识别要点] 多年生草本植物,多做一年生栽培花卉。全株茎、枝、叶上有细小茸毛,叶片卵形对生。花冠具二唇,形似两个囊包;上唇小,前伸;下唇向下弯曲,膨胀似荷包;花柱位于上下唇之间,雄蕊 2 枚,花期在春节前后。

[应用] 是冬、春季重要的盆花,适合厅堂、会场与室内布置

妆点。

4. 君子兰 *Clivia miniata*（图 1-94）

［别名］达木兰、剑叶石蒜。

［科属］石蒜科君子兰属。

［识别要点］多年生常绿草本。根呈肉质。叶二列状交互叠生，深绿油亮，呈宽带状，先端圆钝，全缘。革质，叶脉较清晰。花葶从叶丛中抽出，实心，直立。伞形花序顶生，每个花序有小花 7～30 朵；小花漏斗形，先端 6 列，花色由黄至橘黄色。花期为 9 月至翌年 4 月。浆果球形，初绿后红。

［应用］终年翠绿，叶、花、果兼美，可做室内布置观赏。

图 1-93　蒲包花

图 1-94　君子兰

5. 仙客来 *Cyclamen persicum*（图 1-95）

［别名］萝卜海棠、兔耳花、兔子花、一品冠。

［科属］报春花科仙客来属。

［识别要点］多年生花卉。地下块茎扁圆球形或球形、肉质。叶片由块茎顶部生出，心形、卵形或肾形，具细锯齿。花梗自叶丛中长出，直立。花单生茎顶，下垂。花萼 5 裂，花冠基部联合呈筒状，上部深裂，裂片向上反扭曲卷，犹如兔耳，有白、粉、玫红、大

红、紫红、雪青等色，基部具深红色斑。瓣缘有全缘、缺刻、皱褶和波浪等形。

［应用］是冬春季节名贵盆花，常用于室内花卉布置，并适做切花，水养持久。

6. 马蹄莲 *Zantedeschia aethiopica*（图 1-96）

［别名］慈姑花、水芋马、观音莲。

［科属］天南星科马蹄莲属。

［识别要点］多年生粗壮草本。地下具粗大肉质块茎。叶基生，卵状箭形，先端短尖，亮绿色，叶柄长，基部鞘状。花序梗自叶丛中抽出，肉穗花序顶生，佛焰苞白色或乳白色，宽大，先端尖，呈马蹄形。花小单性，无花被；花穗上部为雄花，下部为雌花，芳香。花期 11 月至翌年 5 月。

［应用］是装饰客厅、书房的良好的盆栽花卉，也可做切花、花束、花篮。

图 1-95 仙客来

图 1-96 马蹄莲

7. 新几内亚凤仙 *Impatiens platypatala*（图 1-97）

［别名］五彩凤仙花。

［科属］凤仙花科凤仙花属。

[识别要点] 多年生常绿草本。茎肉质,光滑,青绿色或红褐色,茎节突出,易折断。多叶轮生,叶披针形,叶缘具锐锯齿,叶色黄绿至深绿色。花单生叶腋(偶有两朵花并生于叶腋的现象),或多数呈伞房花序。花柄长,基部花瓣衍生成矩。花色极为丰富,有洋红、雪青、白、紫、橙等色。花期 6~8 月。

[应用] 可露地栽培,也可做花坛、花境、室内盆栽观赏等。

8. 倒挂金钟 *Fuchsia hybrida*(图 1-98)

[别名] 吊钟海棠、灯笼海棠、吊钟花。

[科属] 柳叶菜科倒挂金钟属。

[识别要点] 常绿灌木。茎近光滑,多分枝;枝细长稍下垂、呈紫红色,老枝木质化明显。叶对生或三叶轮生,卵形至卵状披针形,边缘具疏齿。花单生叶腋、梗长、下垂;花萼筒长圆形,长为萼片(裂片)的 1/3,先端 4 裂,绯红色或白色。花瓣 4,倒卵形,略反卷,蓝紫色、白色,也有重瓣类型。雄蕊 8,伸出于花瓣之外。花期 4~7 月。浆果。

[应用] 通常用于盆栽,适用于客厅、花架、案头点缀,也适宜布置花坛。

图 1-97 新几内亚凤仙

图 1-98 倒挂金钟

9. 非洲菊 *Gerbera jamesonii*(图 1-99)

[别名] 扶郎花。

[科属] 菊科大丁草属。

[识别要点] 多年生常绿草本。株高 20～30 cm。叶丛生,具长柄,羽状浅裂,叶背被白绒毛,叶矩圆状匙形。头状花序自基部抽出,具长梗,花梗中空,舌状花 1～2 轮,花有红、粉、黄、橘黄等色,筒状花小,常与舌状花同色。花四季常开。

[应用] 盆栽、切花。

10. 报春花 *Primula malacoides*(图 1-100)

[别名] 年景花、樱草、四季报春。

[科属] 报春花科报春花属。

[识别要点] 低矮宿根草本。全株被白色绒毛。叶基生,具长柄,卵形至椭圆形,先端圆,叶背被白色腺毛,叶缘有圆齿状浅裂或缺刻。花葶由根部抽出,伞形花序顶生,宝塔形层层升高。花有淡紫、粉红、白、深红等色,芳香。

[应用] 是花境、花带、岩石园及地被的优良材料,也可盆栽。

图 1-99 非洲菊

图 1-100 报春花

11. 瓜叶菊 *Senecio cruentus*(图 1-101)

[别名] 千日莲、瓜叶莲、千里光。

［科属］菊科千里光属。

［识别要点］多年生草本花卉。全株密生柔毛，叶具长柄，形似葫芦科黄瓜叶片，故名瓜叶菊。叶表浓绿，顶端急尖，基部深心形，边缘不规则三角状浅裂或具钝锯齿，脉掌状。头状花序具总苞片15～16枚，舌状花10～12枚，具天鹅绒光泽，花色丰富。花期12月至翌年5月。

［应用］是冬季和早春的优良盆花，常用于室内盆栽，也可做花篮或花境布置。

12. 大岩桐 *Sinningia speciosa*（图1-102）

［别名］六雪尼、落雪泥。

［科属］报春花科报春花属。

［识别要点］多年生草本。全株密被白色绒毛。叶对生，肥厚而大，卵圆形至长椭圆形，有锯齿，叶脉间隆起。自叶间长出花梗，花顶生或腋生，花冠钟状，先端浑圆，5～6浅裂，萼片五角形。色彩丰富，花有粉红、红、紫蓝、白等色和复色。

［应用］室内理想盆花。

图1-101　瓜叶菊

图1-102　大岩桐

13. 鹅掌柴 *Scheffera arboricola*（图1-103）

［别名］手树。

［科属］五加科鸭脚木属。

［识别要点］常绿半蔓性灌木花卉。茎直立柔韧，分枝多，枝条密集，茎节处易生细长气生根。掌状复叶，小叶 6～9 枚，全缘，有光泽。花青白色，全体呈圆锥状，果实球形，熟时黄红色。

［应用］室内盆栽观叶。

14. 袖珍椰子 *Chamaedorea elegans*（图 1-104）

［别名］矮生椰子、袖珍棕、袖珍葵、矮棕。

［科属］棕榈科袖珍椰子属。

［识别要点］多年生常绿矮生小灌木。茎干直立，不分枝，株形小巧玲珑，叶片着生于枝干顶部，羽状全裂。肉穗花序腋生，雌雄异株，雄花序直立，雌花序营养条件好时稍下垂，春季开花，浆果成熟时橙黄色。

［应用］盆栽观赏。

图 1-103　鹅掌柴

图 1-104　袖珍椰子

15. 变叶木 *Codiaeum variegatum* var. *picture*（图 1-105）

［别名］洒金榕。

［科属］大戟科变叶木属。

［识别要点］常绿亚灌木或小乔木，茎干上叶痕明显。叶形多变，有条状倒披针形、条形、螺旋形扭曲叶及中断叶，叶片全缘或

分裂,叶质厚或具斑点。总状花序腋生,花小,蒴果球形。

[应用] 变叶木叶形奇特多变,宜盆栽观赏,或庭园布置、绿篱。

16. 朱蕉 *Cordyline fruticosa*(图 1-106)

[别名] 千年木。

[科属] 百合科朱蕉属。

[识别要点] 常绿亚灌木。株高可达 3 m,茎直立,单干少分枝,茎干上叶痕密集。叶聚生顶端,紫红色或绿色带红色条纹,革质阔披针形,中筋硬而明显,叶柄长 10～15 cm,叶片长 30～40 cm。圆锥花序,着生于顶部叶腋,淡红色,果实为浆果。

[应用] 叶丛生,叶色美丽,耐阴,适宜室内栽培。

图 1-105 变叶木

图 1-106 朱蕉

17. 棕竹 *Rhapis excelsa*(图 1-107)

[别名] 观音竹、筋头竹。

[科属] 棕榈科棕竹属。

[识别要点] 常绿丛生灌木。株高约 2 m。茎圆柱形,有节,上部具褐色粗纤维质叶鞘。叶掌状 5～10 深裂,裂片条状披针形或宽披针形,宽 2～5 cm,边缘和中脉有褐色小锐齿。肉穗花序多分枝,雌雄异株。花期 4～5 月。

[应用] 室内盆栽观叶。

18. 广东万年青 *Aglaonema modestum*(图 1-108)

[别名] 亮丝草。

[科属] 天南星科广东万年青属。

[识别要点] 多年生草本。具地下茎,萌蘖力强,根系分布较浅。茎直立,高 40～50 cm,叶卵圆形至卵状披针形,佛焰苞小,绿色,下部常席卷,上部放开。花单性。

[应用] 盆栽布置室内阴暗场所,也可瓶插水养。

图 1-107 棕竹

图 1-108 广东万年青

19. 花叶芋 *Caladium hortullanum*(图 1-109)

[别名] 彩叶芋。

[科属] 天南星科彩叶芋属。

[识别要点] 多年生常绿草本。株高 30～75 cm。地下具块茎。叶基生,膜质,具有长柄,卵状心形或三角形,基部窄心形,叶缘波状,叶面浅黄、粉红或浅绿色,叶脉及叶缘异色或同色。

[应用] 盆栽观叶。

20. 绿萝 *Scindapsus aureus*(图 1-110)

[别名] 黄金葛、魔鬼藤。

[科属] 天南星科麒麟叶属。

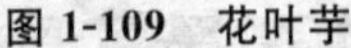
图 1-109　花叶芋

图 1-110　绿萝

[识别要点] 多年生常绿攀缘草本花卉。茎长达数米,靠茎上的气生根吸附攀缘生长。叶互生,心形,有光泽,嫩绿色或橄榄绿色,上具有不规则黄色斑块或条纹,全缘。叶柄及茎黄绿色或褐色。

[应用] 除盆栽外,还可做墙面绿化及切叶材料。

21. 龟背竹 *Monstera deliciosa*(图 1-111)

[别名] 蓬莱蕉、电线草。

[科属] 天南星科龟背竹属。

[识别要点] 多年生常绿大藤本。茎粗壮,长达 7～8 m,具多数深褐色绳状气生根,长 1～2 m。叶大,互生,厚革质。幼叶心形,全缘,无孔,后为矩圆形,不规则羽状深裂,侧脉间有长椭圆形或菱形穿孔,暗绿色。佛焰苞厚革质,淡黄色,花穗乳白色,开花时芳香,花期 8～9 月。浆果球形,淡黄色,成熟后可实,果期 10 月。

[应用] 室内盆栽观叶植物,也可做室内大型垂直绿化材料。

22. 春芋 *Philodenron selloum*(图 1-112)

[别名] 春羽、裂叶喜林芋。

[科属] 天南星科林芋属。

图 1-111 龟背竹

图 1-112 春芋

［识别要点］多年生常绿草本。植株高大，可达 2 m。茎粗壮直立而极短，直立型，呈木质化，生有很多气生根。叶为簇生型，着生于茎端，叶片巨大，为广心脏形，全叶羽状深裂似手掌状，厚革质，叶面光亮，深绿色。

［应用］盆栽观叶。

23. 合果芋 *Syngonium podophyllum*（图 1-113）

［别名］长柄合果芋、紫梗芋、剪叶芋。

［科属］天南星科合果芋属。

［识别要点］多年生常绿蔓性草本。茎蔓生，具有大量气生根，光照适度晕紫色。叶互生，具有长柄，幼叶箭形，淡绿色，成熟叶窄三角形，3 深裂，中裂片较大，深绿色，叶脉及近叶脉处呈绿色。

［应用］盆栽、吊盆。

24. 文竹 *Asparagus setaceus*（图 1-114）

［别名］云片松、刺天冬、云竹。

［科属］百合科天门冬属。

［识别要点］多年生常绿藤本观叶植物。茎细弱，丛生而多分枝。叶状枝纤细，正三角形，水平排列，云片状平展，形似羽毛。

图 1-113　合果芋

图 1-114　文竹

叶小，鳞片状，主茎上的鳞片叶白色膜质或成刺状。花小，白色。浆果黑紫色。

[应用] 盆栽观叶。

25. 一叶兰 *Aspidistra elatior*（图 1-115）

[别名] 蜘蛛抱蛋。

[科属] 百合科蜘蛛抱蛋属。

[识别要点] 多年生常绿宿根草本。根状茎粗壮横生于土壤表面。叶基生，丛生状；长椭圆形，深绿，叶缘波状。花单生短花茎上，贴近土面，紫褐色，外面有深色斑点。浆果球形，成熟后果皮油亮，外形似蜘蛛卵，靠在不规则状似蜘蛛的块茎上。故得名蜘蛛抱蛋。

[应用] 室内盆栽，还可做切叶。

26. 吊兰 *Chlorophtum comosum*（图 1-116）

[别名] 挂兰、兰草、折鹤兰。

[科属] 百合科吊兰属。

[识别要点] 多年生常绿宿根草本。根肉质粗壮，具短根茎。叶基生，带状细长，叶丛中常抽生走茎，宽线形。花梗细长，超出叶上，花梗弯曲，先端着花 1～6 朵，总状花序，花小，白色，花被 2

图 1-115　一叶兰

图 1-116　吊兰

轮共 6 片，雄蕊 6 枚。

［应用］盆栽或吊盆观赏。能吸收有毒气体，素有“绿色净化器”之美称。

27. 富贵竹 *Dracaena sanderiana*（图 1-117）

［别名］白边龙血树、仙达龙血树、丝带树。

［科属］百合科龙血树属。

［识别要点］株高可达 4 m，盆栽多 40～60 cm。植株细长，直立，不分枝，常丛生状。叶长披针形。园艺品种多，绿叶白边、绿叶黄边、绿叶银心等。

［应用］盆栽观赏。

28. 虎尾兰 *Sansevieria trifasciata*（图 1-118）

［别名］锦兰、虎皮兰。

［科属］百合科虎尾兰属。

［识别要点］多年生常绿草本。具有匍匐根状茎。叶 2～6 片，基生，直立，厚硬，剑形。基部间狭成有槽的短柄。叶两面有浅绿色和深绿相间的条纹。花葶高 80 cm，小花数朵成束，1～

图 1-117　富贵竹

图 1-118　虎尾兰

3 簇生于花葶轴上，绿白色。

［应用］丛植或室内盆栽。

29. 杜鹃 *Rhododendron simsii*（图 1-119）

［别名］映山红、山石榴。

［科属］杜鹃花科杜鹃属。

［识别要点］灌木。分枝多而纤细，密被亮棕褐色扁平糙伏毛。叶革质，常集生枝端，卵形、椭圆状卵形或倒卵形至倒披针形，先端短渐尖，边缘微反卷，具细齿。花芽卵球形，鳞片外面中部以上被糙伏毛，边缘具睫毛。花冠阔漏斗形，每簇花 2～6 朵，有红、淡红、杏红、雪青、白等色，花色繁茂艳丽。蒴果卵球形，长达 1 cm，密被糙伏毛；花萼宿存。花期 4～5 月，果期 6～8 月。

［应用］盆栽观赏或专类园应用。

30. 常春藤 *Hedera nepalensis* var. *sinensis*（图 1-120）

［别名］土鼓藤、钻天风、洋常春藤。

［科属］五加科常春藤属。

［识别要点］多年生常绿攀缘植物。茎灰棕色或黑棕色，光滑，有气生根，幼枝被鳞片状柔毛。单叶互生，叶二型，全缘。先端长尖或渐尖，基部楔形、宽圆形、心形，叶上表面深绿色，有光

图 1-119 杜鹃

图 1-120 常春藤

泽，下面淡绿色或淡黄绿色，侧脉和网脉两面均明显。伞形花序单个顶生，或 2～7 个总状排列或伞房状排列成圆锥花序，花萼淡黄、白色或淡绿色。果实圆球形，红色或黄色，宿存花柱。花期 9～11 月，果期翌年 3～5 月。

［应用］常攀缘于林缘树木、林下路旁、岩石和房屋墙壁上，庭园也常有栽培。

五、兰科花卉(10 种)

兰科花卉彩图

1. 春兰 *Cymbidium goeringii*（图 1-121）

［别名］山兰、草兰。

［科属］兰科兰属。

［识别要点］多年生常绿草本。地生性。假鳞茎球形。叶 4～6 枚丛生，狭带形，叶脉明显，叶缘粗糙具细齿。花葶直立，具 4～5 枚鞘，花单生，少数 2 朵，淡黄绿色，有香气。花期 2～3 月。

［应用］名贵盆花。

2. 惠兰 *Cymbidium faberi*（图 1-122）

［别名］夏兰、九节兰。

图 1-121 春兰

图 1-122 惠兰

[科属] 兰科兰属。

[识别要点] 多年生常绿草本。地生性。根粗而长,假鳞茎。叶子 5～7 枚丛生,较春兰叶宽长,直立性强,基部常对折,横切面呈"V"形,边缘有粗锯齿,中脉明显,有透明感。花葶直立而长,着花 5～12 朵,浅黄绿色,花瓣稍小于萼片,唇瓣绿白,有许多紫红色斑点,花有香气,花期 3～4 月。

[应用] 盆栽。

3. 大花蕙兰 *Cymbidium hybridum*(图 1-123)

[别名] 西姆比兰、东亚兰。

[科属] 兰科兰属。

[识别要点] 大花蕙兰是兰属的一些热带附生种的杂种。根粗壮。叶二列状丛生,带状,革质,有时基部有假鳞茎。花大而多,色彩丰富艳丽,有红、黄、绿、白及复色。花期长达 50～80 d。

[应用] 切花、盆花。

4. 建兰 *Cymbidium ensifolium*(图 1-124)

[别名] 秋兰、雄兰。

[科属] 兰科兰属。

[识别要点] 多年生常绿草本。地生性。假鳞茎较小,叶 2～

图 1-123 大花蕙兰

图 1-124 建兰

6 枚丛生，广线形，全缘，基部狭窄，中上部宽。花葶短于叶丛，直立，着花 5～9 朵，浅黄绿色至浅黄褐色，有暗紫色条纹，香味浓。花期 7～9 月。

[应用] 名贵盆花。

5. 寒兰 *Cymbidium kanran*（图 1-125）

[科属] 兰科兰属。

[识别要点] 多年生常绿草本。地生性。外形与建兰相似，但叶较狭，基部更狭，3～7 枚丛生，直立性强，全缘或近顶端有细齿，略带光泽。花葶直立，与叶等高或稍高出叶，疏生花 10 余朵，萼片较狭长，花瓣较短而宽，唇瓣黄绿色带紫斑，有香气。花期 12 月至翌年 1 月。

[应用] 名贵盆花。

6. 卡特兰 *Cattleya hybrida*（图 1-126）

[科属] 兰科卡特兰属。

[识别要点] 多年生草本。附生性。株高 60 cm，具地下根茎和地上拟球茎。叶和花茎从拟球茎上生出，着生叶 1 枚，长椭圆形，肉质肥厚，自然下弯。花茎自拟球茎上抽生，着花 5～10 朵。花大，浅紫红色，瓣缘深紫，花喉黄白色，具有紫纹。花期 9～

图 1-125　寒兰

图 1-126　卡特兰

12 月。

［应用］盆栽观赏。

7. 蝴蝶兰 *Phalaenopsis amabilis*（图 1-127）

［别名］蝶兰。

［科属］兰科蝴蝶兰属。

［识别要点］多年生附生常绿草本。根扁平如带，有疣状突起，茎极短。叶近二列状丛生，广披针形至矩圆形，顶端浑圆，基部具短鞘，关节明显。花茎 1 至数枚，拱形，长达 70～80 cm。花大，白色、粉色、黄色等，形似蝴蝶。花期冬春季节。栽培品种多。

［应用］珍贵盆花，优良切花。

8. 石斛兰 *Dendrobium nobile*（图 1-128）

［别名］金钗石斛。

［科属］兰科石斛属。

［识别要点］多年生草本。附生性。株高 20～45 cm。拟球茎长约 50 cm，具 17～18 节，多直立性。叶生于拟球茎的上方，开花时叶子即脱落。花 2～3 朵生于节处，花大，径达 8 cm。萼片及花瓣白色，先端带淡紫色，中央有深红、深紫色大斑点。花期 4～6 月。

图 1-127 蝴蝶兰

图 1-128 石斛兰

[应用] 盆花、切花。

9. 文心兰 *Oncidium hybridum*（图 1-129）

[别名] 跳舞兰、跳舞女郎、舞女兰。

[科属] 兰科文心兰属。

[识别要点] 多年生宿根草本。假鳞茎扁圆柱状，顶端着生 2 枚叶片，剑状阔披针形，中脉后凸，全株鲜绿色。花梗从假鳞茎顶端抽出，粗壮挺硬，极长，呈拱形，具分枝。顶生聚伞状花序，小花具有挺直的小花柄。唇瓣发达，扇形，中部浅裂，黄色；其他花被片窄条形，波状，黄色，有红褐色斑点。整个花形似正着裙起舞的女孩而得名。花期全年。

[应用] 盆花、切花。

10. 万带兰 *Vanda teres*（图 1-130）

[别名] 棒叶万带兰。

[科属] 兰科万带兰属。

[识别要点] 多年生附生草本。茎攀缘，长达 3 m。叶互生，圆柱状，端钝，肉质，深绿色。花葶直立，总状花序顶生，着花 3～10 朵，花大，玫瑰紫色，唇瓣内弯，内面黄色有红斑。花期夏季。

图 1-129　文心兰　　　　图 1-130　万带兰

[应用] 盆栽。

六、水生花卉(15 种)

水生花卉彩图

1. 荷花 *Nulumbo nucifera*(图 1-131)

[别名] 莲花、芙蕖、水芙蓉。

[科属] 睡莲科莲属。

[识别要点] 多年生挺水花卉。地下根状茎横卧泥中,称“藕”;藕节周围环生不定根、鳞片,并抽出叶、花及侧芽。荷叶盾状圆形,具 14～21 条辐射状叶脉,全缘或稍波状。叶绿色,表面被蜡粉,不湿水。花单生于花梗的顶端,有单瓣和重瓣之分,花色各异。花谢后膨大的花托称为莲蓬,上有 3～30 个莲室,每个莲室形成一个小坚果,称为莲子。

[应用] 可装点水面景观,制作插花,小花品种碗莲类可美化阳台。

2. 睡莲 *Nymphaea tetragona*(图 1-132)

[别名] 子午莲、水芹莲、矮生睡莲。

[科属] 睡莲科睡莲属。

图 1-131 荷花

图 1-132 睡莲

［识别要点］多年生浮水花卉。地下具块状根茎，直立，不分枝。叶较小，丛生，具细长柄，浮于水面，叶圆形或卵圆形，纸质或近革质，浓绿色，有光泽，叶背紫红色。花小，单生，颜色丰富，午后开放。聚合果，成熟后不规则破裂，内含球形小坚果。

［应用］是水面绿化的重要材料，也可做盆栽或切花。

3. 王莲 *Victoria amazornica*（图 1-133）

［别名］亚马逊王莲。

［科属］睡莲科王莲属。

［识别要点］多年生浮水花卉。地下具短而直立根状茎，粗壮发达。叶丛生，大型，直径可达 1～2.5 m。幼叶向内卷曲呈锥状，叶缘直立。叶表绿色，无刺，叶背紫红，凸起的网状脉上具坚硬长刺。花单生，大型，初开为白色，具白兰香味，翌日变淡红至深红色，每朵花开两天，通常傍晚开放，第二天早晨逐渐关闭至下午傍晚重复开放，第三天早晨闭合，沉入水中。

［应用］王莲叶形奇特硕大，用于美化水面，营造丰富的园林景观。

4. 萍蓬莲 *Nuphar pumilum*（图 1-134）

［别名］黄金莲、萍蓬草。

图 1-133　王莲

图 1-134　萍蓬莲

［科属］睡莲科萍蓬草属。

［识别要点］多年生浮水花卉。根状茎肥厚块状，横卧泥中。叶二型，浮水叶纸质或近革质，圆形至卵形，全缘，基部开裂呈深心形，叶面绿而光亮，叶背隆凸，紫红色，有柔毛；沉水叶薄而柔软，无茸毛。花单生叶腋，圆柱状花茎挺出水面，花蕾球形，绿色；萼片5，黄色，花瓣状。花瓣10～20枚，狭楔形。

［应用］是夏季水景园重要的观赏植物，多用于池塘水景布置，与睡莲、莲花、荇菜等植物配置；也可盆栽于庭院、建筑物、假山石前。

5. 雨久花 *Monochoria korsakowii*（图1-135）

［别名］水白菜。

［科属］雨久花科雨久花属。

［识别要点］多年生沼泽生草本花卉。地下茎为短且匍匐的根茎，地上茎直立。叶卵状心脏形，基生叶有长柄，茎生叶柄渐短，基部具鞘。花茎自基部抽出，总状花序，花被片6，花瓣状，蓝紫色。花药6，其中1个较大为淡蓝色，其余为黄色。

［应用］用于布置临水池塘、小水池。

6. 千屈菜 *Lythrum saliacria*（图 1-136）

[别名] 水枝柳、水柳、对叶莲。

[科属] 千屈菜科千屈菜属。

[识别要点] 多年生挺水花卉。地下根茎粗硬，木质化，地上茎直立，四棱形，多分枝具木质化基部。单叶对生或轮生，披针形，全缘。穗状花序顶生，小花多数密集，紫红色，萼筒长管状。蒴果包于宿存萼内。

[应用] 适宜水池边、小溪边丛植，或做花境的背景材料。

图 1-135　雨久花

图 1-136　千屈菜

7. 菖蒲 *Acorus calamus*（图 1-137）

[别名] 水菖蒲、大叶菖蒲、泥菖蒲。

[科属] 天南星科菖蒲属。

[识别要点] 多年生挺水花卉。根茎稍肥厚，横卧泥中，有芳香。叶二列状着生，剑状线形，端尖，基部鞘状，对折抱茎。中肋明显并在两面隆起，边缘稍波状。叶片揉搓后具香味。花茎似叶鞘细，短于叶丛，圆柱状稍弯曲。叶状佛焰，内具圆柱状长锥形肉穗花序。花小，黄绿色。浆果长圆形，红色。

[应用] 适宜作岸边或水面绿化材料，也可盆栽。

8. 慈姑 *Sagittaria sagittifolia*（图 1-138）

［别名］燕尾草，白地栗。

［科属］泽泻科慈姑属。

［识别要点］多年生挺水植物。地下具根茎，先端形成球茎，球茎表面附薄膜质，鳞片端部有较长的顶芽。挺水叶着生基部，出水成剑形，叶片箭头状，全缘，叶柄较长，中空。沉水叶多呈线状。花茎直立，多单生，上部着生出轮生状圆锥花序，雌雄异株，白色，不易结实。花期 7～9 月。

［应用］可做水边、岸边的绿化材料，也可做为盆栽观赏 。

图 1-137　菖蒲

图 1-138　慈姑

9. 荇菜 *Nymphoides peltata*（图 1-139）

［别名］水荷叶、水镜草。

［科属］龙胆科荇菜属。

［识别要点］多年生浮水植物。枝条有二型，长枝匍匐于水底，如横走茎；短枝从长枝的节处长出。茎细长，圆柱形，节上生根。上部叶近于对生，其余叶互生。叶卵形，叶基部心形，具柄，上表面绿色，边缘具紫黑色斑块，下表面紫色。花大而明显，伞形花序簇生于叶腋。花黄色，具梗。

［应用］庭院点缀、水面绿化。

10. 梭鱼草 *Pontederia cordata*（图 1-140）

［别名］海寿花。

［科属］雨久花科梭鱼草属。

［识别要点］多年生挺水植物。根状茎粗壮，茎直立，基部呈现红色，全株光滑无毛。基生叶广卵状心形，顶端急尖，基部心形，全缘，具弧状脉，有长柄，有时膨胀成囊状，柄有鞘。总状花序顶生，每花序着生小花 10 余朵，小花蓝色 。

［应用］家庭盆栽、池栽，也可广泛用于河道两侧、池塘四周、人工湿地。

图 1-139　荇菜

图 1-140　梭鱼草

11. 再力花 *Thalia dealbata*（图 1-141）

［别名］水竹芋、水莲蕉、塔利亚。

［科属］竹芋科再力花属。

［识别要点］多年生挺水草本。株高 2 m 左右。叶卵状披针形，浅灰蓝色，边缘紫色。长 50 cm，宽 25 cm。复总状花序，花小，紫堇色。全株附有白粉。

［应用］水面绿化或盆栽观赏。

12. 水葱 *Scirpus tabernaemontani*（图 1-142）

［别名］冲天草。

图 1-141 再力花

图 1-142 水葱

[科属] 莎草科藨草属。

[识别要点] 多年生草本。株高 150～180 cm。秆直立,中空,圆柱形,被白粉,灰绿色。具粗壮横走的地下根茎。叶退化为鞘状,褐色,生于茎基部。聚伞花序顶生,下垂,小穗卵圆形,花淡黄褐色,下部具稍短苞叶。花期 6～8 月。

[应用] 水生园、盆栽、切叶。

13. 大薸 *Pistia stratiotes*(图 1-143)

[别名] 水叶莲、水莲、水浮莲、芙蓉莲。

[科属] 天南星科大薸属。

[识别要点] 具横走茎,须根细长。叶基生,莲座状着生,无柄,倒卵形或扇形,两面具绒毛,草绿色。叶脉明显,使叶成折扇形。叶脉可抽生匍匐茎,顶端生长小植株。成株开花,呈绿色。

[应用] 水面美化,盆栽观赏。

14. 芡 *Euryale ferox*(图 1-144)

[别名] 鸡米头、刺莲藕。

[科属] 睡莲科芡属。

[识别要点] 一年生大型浮水草本。全株具刺,叶浮于水面,初生叶箭形,过渡叶盾状,成熟叶圆形,盘状,径达 100～120 cm。

图 1-143 大薸

图 1-144 芡

叶面绿色,皱缩,有光泽,叶背紫红色。叶脉隆起有刺,似蜂巢。花单生叶腋,挺出水面,紫色。花托多刺,形如鸡头,昼开夜合。花期 7～8 月。

[应用] 水面绿化,缸栽。

15. 香蒲 *Typha orientalis*(图 1-145)

[别名] 东方香蒲。

[科属] 香蒲科香蒲属。

[识别要点] 多年生水生或沼生草本。根状茎乳白色。地上茎粗壮,向上渐细。叶片条形,长 40～70 cm,宽 0.4～0.9 cm,光滑无毛,上部扁平,下部腹面微凹,背面逐渐隆起呈凸形,横切面呈半圆形,细胞间隙大,海绵状;叶鞘抱茎。雌雄花序紧密连接,花序轴具白色弯曲柔毛,自基部向上具 1～3 枚叶状苞片,花后脱落。小坚果椭圆形至长椭圆形;果皮具长形褐色斑点。种子褐色,微弯。花果期 5～8 月。

图 1-145 香蒲

[应用] 水边丛植、水景园。

七、仙人掌及多浆类植物(15 种)

仙人掌及多浆类植物彩图

1. 仙人掌 *Opuntia dillenii*(图 1-146)

[科属] 仙人掌科仙人掌属。

[识别要点] 仙人掌类植物。株高可达 2 m 以上。植株丛生成大灌木状。茎下部木质,圆柱形。茎节扁平,椭圆形,肥厚多肉,刺座内密生黄色刺,幼茎鲜绿色,老茎灰绿色。花单生茎节上部,短漏斗形,鲜黄色,花期夏季。

[应用] 盆栽、专类园。

2. 长寿花 *Kalanchoe blossfeldiana*(图 1-147)

[别名] 矮生伽蓝菜、圣诞伽蓝菜、寿星花。

[科属] 景天科伽蓝菜属。

[识别要点] 多年生肉质草本。茎直立光滑,有分枝。单叶对生,长圆状倒卵形,先端圆钝,叶缘上半部波状并带红色。聚伞花序顶生,花小,量多。花萼 4 裂,花冠高脚碟状,缘 4 裂,呈桃红、橙红、大红或黄色。花期 1～4 月。

[应用] 是优良的冬季、早春观赏盆花,可做室内点缀和装饰 。

图 1-146　仙人掌

图 1-147　长寿花

3. 金琥 *Echinocactus grusonii*（图 1-148）

［别名］象牙球、黄刺金琥。

［科属］仙人掌科金琥属。

［识别要点］多浆植物。茎圆球形，径可达 50 cm，单生或成丛，具 20 条棱，沟宽而深，峰较狭，球顶密被黄色绵毛，刺座大，被 7～9 枚金黄色硬刺呈放射状。花生于茎顶，外瓣内侧带褐色，内瓣亮黄色，花期 6～10 月。

［应用］盆栽、专类园。

4. 袋鼠花 *Nematanthus cheerio*（图 1-149）

［别名］金鱼花、河豚花。

［科属］苦苣苔科袋鼠花属。

［识别要点］多年生常绿草本植物。叶肉质对生，浓绿有光泽，叶片排列整齐紧凑。花腋生，几乎每个叶腋间都有一朵花，花色橘黄，花形奇特，中部膨大，两端小，前有一个小的开口。花期冬末至春季。

［应用］适宜做中小型盆栽或室内悬吊、走廊绿饰用。

图 1-148　金琥

图 1-149　袋鼠花

5. 虎刺梅 *Euphorbia milii*（图 1-150）

［别名］铁海棠。

[科属] 大戟科大戟属。

[识别要点] 常绿亚灌木花卉。茎肉质，肥大，且多棱。茎上具硬刺。叶倒长卵形，花小，总苞片鲜红色或橘红色，十分美丽。

[应用] 盆栽观赏，可扎缚成各种形状。

6. 景天 *Sedum pectabile*（图 1-151）

[别名] 八宝、燕子掌、蝎子草。

[科属] 景天科景天属。

[识别要点] 多年生草质多浆花卉。株高 30～50 cm。地下茎肥厚，直立，粗壮，略木质化。叶对生或轮生，肉质扁平，倒卵形，伞房花序密集。花瓣淡红色，花期秋、冬季。

[应用] 盆栽观赏及布置庭院。

图 1-150　虎刺梅

图 1-151　景天

7. 昙花 *Epiphyllum axypetalum*（图 1-152）

[别名] 琼花、昙华、鬼仔花。

[科属] 仙人掌科昙花属。

[识别要点] 多年生常绿多浆花卉。老枝圆柱形，新枝扁平，茎基部黄褐色。叶状枝大，长阔椭圆形，边缘波状。花着生于叶状枝边缘，无花梗，花大而长。花萼筒状，红色。花重瓣，纯

白色。花期 6～9 月，夜晚开花，次晨凋谢，每朵花花期仅数小时。

［应用］盆栽观赏，亦常栽于园地一隅。

8. 生石花 *Lithops pserudotruncatella*（图 1-153）

［别名］石头花。

［科属］番杏科生石花属。

［识别要点］多年生常绿草质多浆花卉。无茎。2 片叶肥厚，对生，密接成缝状，形成半圆形或倒圆锥形的球体，形似卵石。成熟时自其顶部裂缝分成两个扁平或膨大的裂片，花从裂缝中央抽出，黄色或白色，午后开放。花期 4～6 月。

［应用］盆栽、室内岩石园、专类园。

图 1-152　昙花

图 1-153　生石花

9. 口红花 *Aeschynanthus pulche*（图 1-154）

［别名］口红吊兰、花蔓草、大红芒毛苣苔。

［科属］苦苣苔科芒毛苣苔属。

［识别要点］为附生性常绿蔓生草本植物。叶对生，卵形，革质而稍带肉质，全缘，中脉明显，侧脉隐藏不显，叶面浓绿色，背浅绿色。花腋生或顶生成簇，花冠红色至红橙色，长约 6.5 cm。花萼筒状，黑紫色被绒毛，待长至约 2 cm 时，花冠才从萼口长出，筒

状，鲜艳红色，如同口红一般故得名。

［应用］适于盆栽悬挂，为观叶、观花的优良品种。

10. 佛手掌 *Glottiphyllum uncatum*（图 1-155）

［别名］舌叶花、宝绿。

［科属］番杏科舌叶花属。

［识别要点］多年生常绿草本。株高 10 cm，全株肉质。茎斜卧，为叶覆盖。叶宽舌状，肥厚多肉，平滑而有光泽，常 3～4 对丛生，成二裂包围茎，先端略向下翻，着生似佛手。花自叶丛中央抽出，形似菊花，黄色，花期 4～6 月。

［应用］盆栽、岩石园。

图 1-154　口红花

图 1-155　佛手掌

11. 蟹爪兰 *Zygocactus truncactus*（图 1-156）

［别名］蟹爪、螃蟹兰。

［科属］仙人掌科蟹爪兰属。

［识别要点］多年生常绿多浆花卉，茎多分枝，铺散下垂。茎节扁平而短小，倒卵形或矩圆形，先端截形，如蟹钳，具尖锐锯齿。花着生于茎节先端，花冠漏斗形，淡紫红、橙红等色，花瓣数轮，上部反卷，花期 11～12 月。

［应用］盆栽、吊盆。

12. 量天尺 *Hylocereus undatus*(图 1-157)

[别名] 三棱箭。

[科属] 仙人掌科量天尺属。

[识别要点] 攀缘性灌木状多浆花卉,茎深绿色,分节,具 3 棱,棱缘波状,具小刺,茎上常有气生根。花大形,白色,筒部较长,夏季晚上开放,次日凋谢。

[应用] 盆栽、专类园。

图 1-156　蟹爪兰

图 1-157　量天尺

13. 芦荟 *Aloe vera*(图 1-158)

[别名] 象胆、奴会。

[科属] 百合科芦荟属。

[识别要点] 叶条状披针形,基出而簇生,叶缘疏生软刺,盆栽植株常呈莲座状。花淡黄色或有红色斑点,总状花序,夏秋开花。

[应用] 盆栽观叶。

14. 玉米石 *Sedum album*(图 1-159)

[别名] 白花景天。

[科属] 景天科景天属。

[识别要点] 多年生多浆植物。茎铺散或下垂,稍带红色。叶椭圆形,绿色,肉质,长 1～2 cm,互生,湿度稍低时呈紫红色。

图 1-158 芦荟

图 1-159 玉米石

[应用] 盆栽、吊盆。

15. 绿铃 *Senecio rowleyanus*(图 1-160)

[别名] 翡翠珠。

[科属] 菊科千里光属。

[识别要点] 为多年生常绿匍匐肉质草本植物。茎纤细,全株被白粉。叶互生,较疏,圆心形,深绿色,肥厚多汁,极似珠子,故有佛串珠、绿葡萄、绿铃之美称。头状花序,顶生,长 3～4 cm,呈弯钩形,花白色至浅褐色。花期 12 月至翌年 1 月。

图 1-160 绿铃

[应用] 盆栽、吊盆。

第二章

花卉繁殖技术

第一节　播种繁殖技术

有性繁殖，也称种子繁殖，是经过减数分裂形成的雌、雄配子结合后，产生的合子发育成的胚再生长发育成新个体的过程。用种子繁殖的花卉幼苗叫实生苗。凡是能采收到种子的花卉均可进行种子繁殖。如一二年生草花以及能形成种子的盆栽花卉、木本花卉等。还有杂交育种来培育新品种时，也可用种子繁殖。

种子繁殖的优点是：繁殖数量大，方法简便；所得苗株根系完整，生长健壮；寿命长，种子便于携带、贮藏、流通、保存和交换。但种子繁殖也有其缺点，一些异花授粉的花卉若用播种繁殖，其后代容易发生变异，不易保持原品种的优良性状，而出现不同程度的退化。另外，从播种到采收种子时间长，部分木本花卉采用种子繁殖，开花结实慢，移栽不易成活。

一、种子识别与品质检验

(一)种子识别

通过对一二年生花卉种子的外部形态观察,了解不同类型花卉种子的形态特征,掌握识别种子的能力,学会观察和描述花卉种子的方法。可参照表2-1内容,通过种子形状、色泽、重量(千粒重)、大小(粒径)和附属物(毛、刺、翅、棱)等其他特征进行识别。其中,种子粒径大小划分为大粒型(≥5 mm)、中粒型(2～5 mm)、小粒型(1～2 mm)和微粒型(<1 mm)四种类型。

表 2-1　花卉种子识别记录表

序号	花卉种类	种子特征				
		千粒重/g	形状	粒径型	色泽	其他特征
1	一串红	0.25	椭圆形	中	黑褐色	
2	三色堇	1.2	卵形	小	褐色	
3	波斯菊	5.4	镰刀形	小	浅褐色	有刺状凸起
4	矮牵牛	0.1	卵形	微	浅褐色	
5	紫茉莉	68	球形	大	黑色	网状棱
6	角堇	1.5	卵形	小	蓝色	
7	凤仙花	0.7	球形	小	黑褐色	
8	矢车菊	4.5	椭圆形	中	浅褐色	白色绒毛
⋮	—	—	—	—	—	—

(二)种子品质检验

1.种子检验的作用

种子是花卉生产的基本材料,其品质优劣直接影响苗木的产量和质量,进而可能影响到现代城市绿化和美化的效果。因此,通过种子检测,选用优良种子,淘汰劣质种子,就成为保证播种质量的关键环节。

2.检测指标

为保证种子检验的科学性和准确性,国内严格执行国家标准局和林业部门颁布的《林木种子检验方法》(GB 2772)中的各项规定。对于种子播种主要的检验项目有:种子净度、种子含水量、种子重量(千粒重)、种子发芽率和种子活力等。

3.种子检验方法

(1)扦样　该步骤是从供检验的种子批中,扦取能代表该种子批全貌的种子样品,其目的是获得一个与该种子批具有相同成分和比例的供检验样品。扦样的时候必须要有随机性,取样部位要全面、均匀,取样数量要一致,这样才能准确把握该种子批的质量。

扦样次数依据种子批的大小和盛种子的容器数量而定,袋子等容器状种子批扦样次数的要求为:≤5 个容器,由种子批的一个点进行扦取,每个容器均须扦取,至少 5 个样;6～30 个容器,每 3 个容器扦取一个样,至少扦取 5 个;30～400 个容器,每 5 个容器扦取一个;≥400 个容器,每 7 个容器扦取一个。若是库房囤放的种子,可以从堆顶的中心及四角设置 5 个取样点,每点按照上、中、下三层分别取样。若是对正在装入容器的种子流或其他散装种子扦样时,500 kg 以下至少扦取 5 个样;500～3 000 kg 每 300 kg 取一个样,至少要有 5 个;3 000～20 000 kg 每 500 kg 扦取 1 个,至少要有 10 个;≥20 000 kg 以上每 700 kg 扦取 1 个,至少要有 40 个。

(2)种子净度测定　种子净度是花卉育苗的可靠依据之一，通过测定被检验样品纯净种子、废种子和夹杂物的重量，计算出纯净种子占待测样品总重量的百分比，进而测算出该种子批的纯净程度。

其中，纯净种子是指完整的发育正常的种子，包括该种花卉全部花卉学变种和栽培品种（已经变成菌核、黑穗病包子团或虫瘿除外）。外部形态正常但未成熟的、皱缩的、带病的种子单位都应做为纯净种子。

废种子包括能识别的空瘪、腐坏种粒等不能发芽的种子，无种皮的裸粒种子，无胚种子，饱满度不够正常种子1/3或2/5的种子，胚乳或子叶受损伤面积≥1/3，幼根或幼芽已经漏出种皮，复粒种子中两粒种子的饱满度均不及正常种子1/3，以及规定筛孔筛理下的小粒种子。

夹杂物指除以上两项外的所有其他杂质，包括枝叶、树皮、沙石等无生命杂质和其他花卉种子、活体害虫和虫瘿以及真菌孢子团等有生命杂质。

如果所测样品纯净种子、废种子和夹杂物重量之和与原待测定样品重量之差在允许范围以内时，可以计算种子净度，否则需要重新测定，计算方法：

种子净度＝（纯净种子重量/测定样品种子重量）×100％

(3)种子含水率测定　种子中含有的水分是保持种子生命活动的重要物质之一，也是种子质量的重要指标之一。只有在水的作用下种子的新陈代谢才能顺利完成，但是如果水分过高会使种子的呼吸作用过于旺盛，且造成微生物大量繁殖，从而降低种子寿命；而水分过低则会使种子因失水而死亡。种子含水量指种子所含水分的重量与种子总重量的百分比，也称作种子含水率。一般来讲含水率越高的种子寿命较短，含水率低的种子寿命长，易于贮藏、运输。

测定中采用恒温烘干法进行。将称取的样品分别放入预先烘干和称量过的称量瓶内，100℃烘干 17 h，然后迅速封口，放入有干燥剂的干燥器内，冷却 40 min 后称重。计算方法：

种子含水量=[（干燥前重量－干燥后重量）/干燥前重量]×100%

（4）种子发芽力测定　种子发芽力是体现种子品质，确定播种量的重要依据，测定指标一般包括发芽率和发芽势两项指标。

发芽率：规定的条件和时间内，正常发芽种子的粒数占供检种子总数的百分比。种子发芽率高，表示有生活力的种子多，播种后出苗多，计算方法：

发芽率=（发芽种子总粒数/供检种子总粒数）×100%

发芽势是指供检种子达到发芽高峰时的累计发芽百分数记为发芽势，并记录达到发芽高峰的天数，它反映的是该种子批发芽的整齐度，公式如下：

发芽势=（发芽达到最高峰时已发芽种子数/供检种子数）×100%

二、露地花卉播种技术

（一）花卉播种时间

种子发芽和幼苗生长所需的环境条件应和育苗场地的季节性相协调，综合考虑种子成熟的时间，休眠期时间的长短，保持发芽能力的难易程度等方面因素，通常播种时间选择春季、夏季和秋季。

一年生花卉适合春季播种，适于夏季成熟且种粒较小，不耐贮藏的种子。大、中型种子和二年生花卉种子适合在秋季播种，可以减少种子贮藏和催芽过程，冬季低温也可以解除种子休眠。

(二)露地播种技术

1.准备工作

(1)做播种床(畦) 按照一定规格做床(畦)后,用锹耙将床面翻松整平,清除夹杂在中间的石块和杂草,将表层土块打碎,形成疏松层,然后用平耙整平,避免浇水后塌陷。然后做垄,用锹和平耙使得垄面平整且宽窄一致,垄沟平坦顺直。在播种前一天灌足水。

(2)种子消毒 目的是杀死种子本身的病菌。常使用0.3%～1%的硫酸铜溶液浸种4～6 h或用0.5%的高锰酸钾溶液浸种2 h,捞出后用清水洗净。福尔马林浸种,播种前1～2 d,用0.2%～0.4%的福尔马林溶液浸种15～30 min,种子取出后置于干净容器中加盖捂2 h,然后将种子均匀平摊后阴干,尽快播种。石灰水浸种,用1%～2%的石灰水浸种24～36 h,而后清水冲洗干净。

(3)其他 除了土壤和种子以外,播种前还应做好各种工具、器械、药品试剂、人员及工作计划等多方面工作,以保证播种工作有条不紊的进行。

2.播种方法

(1)撒播 适合播种较为细小的种子(如四季海棠、蒲包花、瓜叶菊、报春花等)。将种子与适量细沙或泥炭土混合后均匀播撒,而后对露出的种子用过筛土薄层覆盖,在较为干燥的地区,可在床面覆盖一层稻草或薄膜,待出苗后移去;也可喷雾保湿。

(2)条播 适用于中、小粒种子。使用划线器划线,行距20 cm左右,然后沿线用开沟器开沟,深度以种子直径的2～3倍为宜。将种子均匀播入沟内,在种子上覆盖一层薄湿细沙,轻轻镇压垄面,然后填土、镇压、平整床面。

(3)点播 多用于播大粒的种子。根据垄面宽度和花卉生长体量,在垄面上播1～2行,株距5～20 cm。播种时,先用开沟器在垄面开沟，深度约为种粒直径的 2～3 倍，也可按照一定的株行距挖穴进行。将种子摆放在沟、穴内，保证种缝线与地面平行，然后覆土、镇压、平整垄面。

3. 苗期管理

种子出苗后立即掀去覆盖物，保持通风和充足阳光。喜阴的花卉可用遮阳网适度遮阳，根据天气情况对苗床进行喷水或浇水，当长出 3～4 片真叶时进行移栽。

三、穴盘育苗播种技术

(一)穴盘育苗的概念

以不同规格的专用穴盘作为容器，用草炭、蛭石、珍珠岩等材料作为基质，通过一穴一粒的精量播种、覆土、浇水，一次成苗的现代化育苗技术(图 2-1)。穴盘育苗是工厂化育苗的主要形式，在美国等发达国家，将近 70%的蔬菜商品苗为穴盘育苗；我国目前的穴盘育苗技术也已进入快速发展阶段。

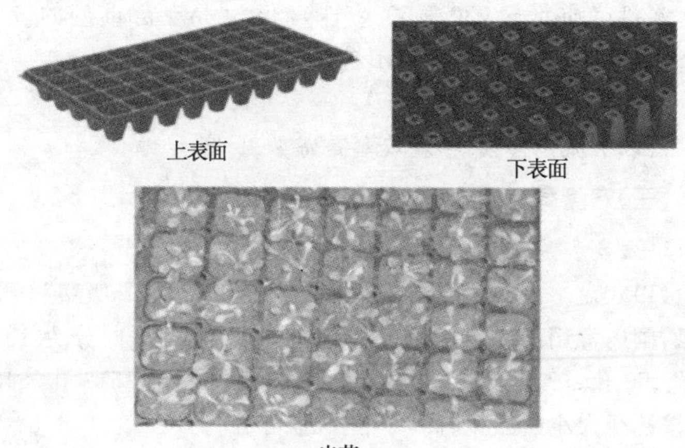

图 2-1　穴盘和穴盘苗

(二)穴盘育苗的优点

1. 省工、省力、效率高

便于机械化、工厂化的大批量生产，通过精量播种，提高种苗的质量和商品性。

2. 节约能源、种子和场地

依据穴盘单位面积的空数不同，每亩(亩为非法定计量单位，1 hm^2 =15 亩)地可以育苗 18 万～72 万株，可满足大批量生产。

3. 成本低

和常规育苗相比，成本可以降低 30%～50%。

4. 便于管理

穴盘育苗便于规范化管理，尤其适用于缺少育苗技术的地区。

5. 增强幼苗抗逆性

穴盘育苗可以增强幼苗抗逆性，且定植时不易伤根，没有缓苗期。

6. 适应远距离运输

穴盘苗质量轻(30～50 g/株)，仅为常规苗重量的 6%～10%，基质保水能力强，土坨不易松散，提高运输质量。

7. 移栽方便

可以机械化移栽，移栽效率提高 4～5 倍。

(三)穴盘育苗技术

1. 穴盘和基质的选择

(1)穴盘　穴盘按照材质不同分为 PS 吸塑、PE 吸塑和 PS 发泡盘，国内常用 PS 吸塑盘；穴盘按照空穴数量不同分为 15 孔、32 孔、50 孔、72 孔、128 孔、200 孔、288 孔、392 孔、512 孔、648 孔等；按孔径大小(长、宽、高，单位 cm)可分为 3×3×4.5、5×5×5.5、1.5×1.5×2.5、2.3×2.3×3.5 等。

同样孔数的穴盘，方锥体形比圆锥形容积大，可为根系提供更多的氧气和营养,因而多采用方锥体形的孔穴。用过的穴盘在使用前应清洗和消毒,防止病虫害的发生或蔓延。

在生产实践中,应根据花卉种类的不同和生产繁殖计划选择适当的穴盘进行播种。

(2)基质　由于穴盘育苗花卉获得营养的基质面积小,基质含量较少,所以要求选择基质的理化性质好,即透气性、保水性、固着性、离子交换能力、pH 等多方面综合特性较好。常用的穴盘育苗的基质有草炭、蛭石、珍珠岩和河沙等(图 2-2)。配比时可以参照草炭、珍珠岩、蛭石以 1∶1∶1 的体积比配制或将草炭、蛭石按 2∶1 配制。

图 2-2　穴盘基质

2.种子处理

培育优质穴盘苗，首先应选籽粒饱满、高活力、高发芽率的种子。将种子放入50～60℃温水中，顺时针搅拌20～30 min，漂去瘪粒，水冲洗干净，接着在清水中浸泡一段时间，浸泡时间依据花卉种类不同在2～48 h范围具体选择。浸种结束后，滤去水分，风干后备用或进行种子丸粒化。种子丸粒化是用可溶性胶将填充物以及有益于种子萌发的物质黏合在种子表面，使种子表面光滑，大小形状一致，粒径变大，重量增加。需要进行丸粒化处理的种子主要是粒径较细小，不易播种的种子，如四季海棠、矮牵牛、鸡冠花等。

对于未经消毒的种子，播种前应进行种子消毒处理。将种子放在一定浓度的药剂中进行漂洗，可以杀死附着在种子上的病原菌，同时也可以淘汰种子里的杂质。常用的药剂有1%的硫酸铜加水150 L，处理3～4 h；0.5%盐酸溶液，浸泡72 h；1%石灰水，浸泡4 d等方法。有时为加快种子萌发或使得萌发后的营养更充分，还可在化学药剂中加入花卉生长调节剂和矿质营养元素。

3.装盘与播种

配制1 m^3 基质可加入15∶15∶15氮磷钾三元素复合肥3～3.5 kg；或1 m^3 基质加入1 kg尿素和1.5 kg磷酸二氢钾或2.5 kg磷酸二铵，将肥料与基质均匀搅拌。

穴盘育苗分机械播种和手工播种两种方式，若育苗数量不大，可采用手工播种法，将配好的基质用刮板装入穴盘，基质是用小筛筛出的熟土，不可用力压紧，以防破坏土壤物理性质。基质不可装得过满，以防浇水时水流出。将装好基质的穴盘摞在一起，两手放在上面，均匀下压，然后将种子仔细点入穴盘，每穴一粒，再轻轻盖上一层细土，与小格相平为宜。在苗床内不同花卉育种穴盘区域进行挂牌、贴签进行标记，同时放置生长观测记录本。

4.移栽

当小苗长至3～4片真叶时，即可定植，直接将苗盘连苗一起运到花盆附近,将小苗用手推出,植入花盆中。

5.苗期管理

(1)温度　不同花卉种类和不同的生长阶段对温度有不同的要求。要根据不同花卉种类来确定温度管理。

(2)水分　采用穴盘育苗,由于穴中基质量少,因此浇水一定要浇透,以穴盘底孔有水渗出为准,穴盘底部有水渗出即可。可用喷壶或喷灌设施进行浇水,水量不可过大,至基质溢水为止,真叶长出前均不可喷施废水。也可将穴盘浸入清水中,至表层基质溢水为止。除"头水"要浇透外,育苗期间根据实际情况酌情浇水,既不能过湿,又要防止脱水。尤其在夏季,可放于阴凉处,育苗床四周边上的穴盘要与土面贴实,不能架空,防止边缘空穴脱水,导致出苗不齐。在育苗过程中,常常由于微喷系统各喷头之间出水量的微小差异,使育苗时间较长的秧苗,产生带状生长不均匀,观察发现后应及时调整穴盘位置,促使幼苗生长均匀。此外,各苗床的四周边际与中间相比,水分蒸发速度比较快,尤其在晴天高温情况下蒸发量要大 1 倍左右,因此在每次灌溉完毕,都应对苗床四周 10～15 cm 处的秧苗进行补充灌溉。

(3)苗期病虫害防治　花卉育苗过程中有一个子叶内贮藏的营养大部分消耗、而新根尚未发育完全、吸收能力很弱的断乳期,此时幼苗的自养能力较弱,抵抗力低,易感染各种病害和虫害。因此要严格检查,以防为主,做好综合防治工作,保证各项管理措施到位。育苗期间,大棚育苗要用塑料薄膜覆盖顶棚,棚四周要用防虫网覆盖;露地育苗时,搭建小拱棚,棚顶用防虫网严密覆盖,既可以防虫,又可以防雨。

(4)炼苗　定植前炼苗即秧苗在移出育苗温室前必须进行炼苗,以适应定植地点的环境。如果幼苗植于有加热设施的温室中,只需保持运输过程中的环境温度,幼苗若定植于没有加热设施的塑料大棚内,应提前 3～5 d 降温、通风、炼苗,定值于露地无保护设施的秧苗，必须严格做好炼苗工作，定植前 7～10 d 逐渐降温，使温室内的温度逐渐与露地相近，防止幼苗定植时因不适应环境而发生冷害。另外，幼苗移出育苗温室前 2～3 d 应施一次肥水，并进行杀菌、杀虫剂的喷洒，做到带肥、带药出室。

(5)移栽、运输和销售　穴盘苗龄比较短，而且穴孔越小，苗龄越短，如一串红、万寿菊用 128 孔的穴盘，15～20 d 幼苗长出 3 对叶即为成苗，即可移栽和销售。脱盘前要浇一次水，使苗脱盘容易，也有利于运输。脱盘后的穴盘要统一清洗和消毒、晾干以备下茬育苗使用。

第二节　扦插繁殖技术

扦插繁殖是指利用植物的营养器官(根、茎、叶)能发生不定根或不定芽的习性，切取其部分插入基质中，使其生根或发芽成为新植株的方法。经过剪截用于扦插的材料称为插条(插穗)，通过扦插繁殖所得的种苗称为扦插苗。

一、草本花卉的扦插

(一)基质的选择与配制

扦插育苗床通常建于温室内，基质可以选用河沙、蛭石、珍珠岩、石英沙、炉渣、泥炭土、草炭土、苔藓等多种类型，它们均是草本花卉良好的扦插基质，也可按照一定的比例进行混合后使用，例如将河沙与蛭石或珍珠岩与蛭石，按照 1∶1 的比例混合均匀。

(二)草本花卉扦插方法

1. 枝插

生长期用未木质化的枝梢进行扦插称为嫩枝扦插。大部分草本花卉多采用此法扦插，如菊花、一串红、四季秋海棠等。扦插时选取生长健壮、接近成熟的枝条，带顶芽或不带顶芽均可，剪取2～4节为一插穗，除去下部1/3的叶片，插入备好的基质中，深度为1～2 cm。嫩枝扦插在环境条件适宜时很容易生根，快者4～5 d，一般10 d左右，15～30 d即可成苗。扦插时期在5～7月，温室内全年可进行。

2. 根插

用根作插穗进行扦插即为根插。根插主要用于一些自根上能够产生不定芽的种类，如荷包牡丹、宿根福禄考、蓍草等宿根花卉。根插方法：选母株茎基附近中等粗细的侧根，剪成5～10 cm的根段，直插或斜插于基质中，上端与基质表面齐平，注意勿使上下颠倒。待新芽长出后，即成为独立的新植株。根插一般在早春或晚秋进行。

3. 叶插

用全叶或叶的一部分作插穗来繁殖新个体的方法称为叶插。叶插用于能自叶上发生不定芽和不定根的种类。凡能进行叶插的种类，大都具有粗壮的叶柄、叶脉或肥厚的叶片。叶插一般都在温室内进行，所需环境条件与嫩枝扦插相同。

(1)全叶插　以完整叶片作插穗进行扦插称为全叶插。例如秋海棠类花卉全叶插时，可剪取发育成熟的叶片，切去叶柄，将几条主叶脉切割数处，再将叶片平铺于基质上，然后在叶片表面撒上少量的沙子，使叶片下面与基质密接(图2-3)。给予适合生根的条件，在叶片切割处就能长出不定根和不定芽丛，分离后即成新植株。又如豆瓣绿全叶插时，剪取带叶柄的成熟叶片，将叶柄直立插入基质中，

图 2-3　四季海棠叶插

深度为叶柄长度的2/3。插后保持基质湿润，待叶柄基部发生不定根和形成不定芽丛后，带老叶一起栽入小盆中，即可培养成新的成丛植株。待植株长大后可分株成数盆。大岩桐、非洲紫罗兰的叶插与豆瓣绿相同。

(2)片叶插　为了节省材料，也可将花卉叶片分割开来进行扦插，例如将秋海棠叶片切成三角形小块，并使每块带有一段主脉，然后将切好的叶块直立扦插在基质中，以后在叶块基部生根发芽，成为新植株。又如虎尾兰片叶插时将虎尾兰叶片剪下来，切成5～10 cm的叶段，直插于插床中，深度为插穗长的1/3～1/2，注意勿使叶段上下颠倒。给予适合生根的条件，即可在叶段基部生根发芽，形成新植株。

(三)扦插后的管理

1.温度

扦插生根的适宜温度与该种花卉种子发芽的适宜温度大致相同。一般来说，草本花卉嫩枝扦插的适宜温度以20～25℃为宜，温度过高，插条容易腐烂；原产热带的花卉，温度可稍高些，以25～30℃为宜；原产冷凉地区的种类，温度可低些，15～20℃即能生根。同时基质温度比气温高3～6℃，有利于插条生根成活。地温高可以促进根的分化和形成；气温低，可以抑制插条上部枝叶生长，减少插条养分的消耗。

2.水分和湿度

插床基质的水分含量一般应控制在50%～60%。水分过多，会影响基质中空气的流通，造成插穗腐烂。扦插初期，基质中水分稍多有利于愈合组织的形成。愈合组织形成后，基质中含水量稍少些，有利于根的形成。为了避免插穗枝叶中水分的过分蒸腾，插床中应保持较高的空气湿度，通常以80%～90%的相对湿度为宜。因此，扦插床上面多罩塑料薄膜，以保证插穗对水分的需要。

3. 光照

嫩枝扦插一般都带有叶片，叶片进行光合作用，制造养分和生长素，促进插条生根。但光照过强，又使床内温度过高，插穗蒸发量过大，导致插穗萎蔫。因此，在普通扦插床上，扦插初期应适当遮阳。在自动喷雾插床上或空气湿度较高的条件下，光照有利于根的形成，不必遮阳。

4. 空气

插穗在插床上进行呼吸作用，当愈合组织与新根产生时，呼吸作用增强，消耗氧气较多。因此，理想的扦插基质应具备供给充足氧气的条件，既能保持湿润，又能通气良好。

二、木本花卉的扦插

（一）基质的选择与配制

扦插基质多采用疏松透气的蛭石、河沙、珍珠岩、泥炭土等，一般多用生长激素、生根促进剂处理后扦插。

（二）木本花卉扦插方法

木本花卉扦插繁殖在园林苗木生产中，常用的主要有枝插和根插两类，扦插时间最好在早晨或傍晚。

1. 枝插

利用花卉的枝条做插穗进行的扦插称为枝插。枝插又根据插穗性质的不同，分为硬枝扦插和嫩枝扦插。

(1)硬枝扦插　硬枝扦插是利用已经完全木质化的 1～2 年生枝条作插穗进行扦插，常用于易生根树种和较易生根树种。

春、秋两季均可进行，以春插为主。在发芽前 1～2 月，扦插时间以当地的土温（15～20 cm 处）稳定在 10℃以上时开始。华北地区一般在 3 月下旬至 4 月上中旬才可进行露地扦插育苗。秋季扦插应在秋梢停长后，落叶树待落叶后进行，北方寒冷地区秋插易发生冻害，应采取保护地扦插育苗。

采集插穗应根据花卉种类和培植目的选择母树，插穗应从品质优良、生长健壮、无病虫害、发育阶段较年轻的幼龄植株上采集，从其树冠外围中上部选发育良好、芽体饱满的枝条。若母株为大树最好采集基部的萌芽条。一般常绿树种随采随插，落叶树种应在秋季落叶后至萌芽前采集充分木质化的枝条进行。

硬枝扦插一般插条剪成长10～20 cm，上有2～3个发育充实的芽；单芽插穗长3～5 cm即可。剪切时上切口在芽上0.5～1 cm处，以防上端的芽失水枯萎；下切口在靠近芽的下方，以利于愈合生根(图2-4)。下切口的切法有平切、斜切、双面切、踵状切等。一般平切口生根呈环状均匀分布，便于机械化截条，对于皮部生根型及生根较快的树种应采用平切口。斜切口与插穗基质的接触面积大，可形成面积较大的愈伤组织，利于吸收水分和养分，提高成活率；但根多生于斜口的一端，易形成偏根，同时剪穗也较费工。双面切与基质的接触面积更大，在生根较难的花卉上应用较多。踵状切即在插穗下端带2～3年生枝段，常用于松柏类、桂花等难成活的树种。

图2-4　月季硬枝扦插

落叶树在秋末冬初剪条后，为防止失水要进行越冬贮藏。贮藏可整条贮藏或插穗剪制后贮藏，方法是将剪好的枝条按50～100根成捆，插穗的方向保持一致，下剪口要对齐。枝条要埋藏在湿润、低温、通气环境中，选地势高燥、排水良好背阴地方挖沟或挖坑，沟或坑深50～100 cm，底铺5 cm厚的湿沙，将成捆的插穗分层排放，用疏松湿沙土埋藏。若枝条过多，可竖些草靶于中间以利于通气，贮藏时间应在土壤冻结前进行，翌春扦插前取出插穗。

(2)嫩枝扦插　又称绿枝扦插，指在生长季节，用半木质化的枝条作插穗进行扦插。

嫩枝插穗需从发育阶段年轻、生长健壮、无病虫害的母树上选取，一般针叶树如松、柏等，于夏末剪取中上部半木质化的插穗较好，而阔叶树种的嫩枝插穗一般在高生长最旺盛期剪取当年生半熟枝条，采后注意保持插穗的水分。嫩枝插穗最好随采随插。

插穗一般长 5～15 cm，留 2～4 个芽为宜，插穗剪口要平滑，上剪口在芽上方 1 cm 左右，下剪口在基芽下 0.1～0.3 cm 处，切口为平口或斜口，插穗上部保留一定量叶片，阔叶树一般保留 1～3 片叶，叶片较大的树种，可剪去部分叶片，以减少蒸发。常绿针叶树种的嫩枝插穗距基端 3～5 cm 处的针叶可退去。此外，应将插穗上的花芽全部去掉，以免开花消耗养分。在制穗过程中要注意保湿，随时用湿润物覆盖或浸入水中。

2. 根插

利用花卉的根作插穗进行扦插称为根插。根插适用于插条成活率低，而根上较易形成不定芽，易发生根蘖苗的树种，如泡桐、毛白杨、香花槐、火炬、刺槐、臭椿、漆树和板栗等。

(1)采根　一般应选择生长健壮的幼龄树或 1～2 年生苗作为采根母树，根穗的年龄以一年生为好。若从单株上采根，一次采根不能太多，否则影响母树的生长。采根一般在树木休眠期进行，也可结合起苗进行，采根时勿伤根皮，采后及时埋藏处理。

(2)根穗的剪截　根据树种的不同，可剪成不同规格的根穗。一般根穗长 10～15 cm，大头粗 0.5～2.0 cm，上端剪成平口，下端剪成斜口，利于扦插。此外，有些树种如泡桐、香椿、刺槐等也可用细短根段，粗 0.2～0.5 cm，长 3～5 cm。

(3)扦插　根插一般在 2～4 月进行。可采用直插、斜插、平埋，以直插为好，其次斜插，平埋效果差。插时注意根的上、下端，不要倒插。扦插深度可控制在上端与地面齐平，上切口可盖小堆火烧土。有些树种的细短根段还可以用播撒的方法进行育苗。

(三)扦插后的管理

1. 水分

扦插后立即浇透水，使插穗与土壤紧密结合，以利插穗基部吸水，保持插床土壤湿润。常绿树或嫩枝扦插时，注意经常保持基质和空气的湿度。扦插基质的含水量应保持在60%左右，相对湿度保持在80%～90%。插条上若带有花芽应及早摘除。

2. 温度

早春地温较低，需要覆盖塑料薄膜或铺设地热线增温催根。夏、秋季节地温高，气温更高，需要通过喷水、遮阳等措施进行降温。在大棚内喷雾可降温5～7℃，在露天扦插床喷雾可降温8～10℃。采用遮阳降温时，一般要求遮蔽物的透光率在50%～60%。有条件的地方，夏季嫩枝扦插最好采用全光照喷雾扦插。

3. 除蘖或摘心

当新萌芽苗高长到15～25 cm时，应选留一个生长健壮、直立的新梢，将其余萌芽条除掉。对于培育无主干的花卉苗木，应选留3～5个萌芽条，除掉多余的萌条；若萌芽条较少，可采取摘心促发枝条，以达到不同的育苗要求。

4. 松土除草

当发现床面杂草萌生时，要及时拔去，以减少水分养分的损耗。当土壤过分板结时，可用小铲子轻轻在行间空隙处松土，但不宜过深，以免松动插穗基部影响切口生根。

5. 追肥

在扦插苗生根发芽成活后，插穗内的养分已基本耗尽，则需要充足供应肥水，满足苗木生长对养分的需要。必要时可采取叶面喷肥的方法。扦插后,每隔 1～2 周喷洒 0.1%～0.3%的氮磷钾复合肥。采用硬枝扦插时,可将速效肥稀释后浇入苗床。

此外,还应加强苗木病虫害的防治,冬季寒冷地区还要采取越冬防寒措施。

6. 移植

扦插成活后,为保证幼苗正常生长,应及时起苗移栽。生长较快的种类在当年休眠后移植;扦插晚或生根慢或不耐寒的种类,可在苗床上越冬,翌年春季移植;生长较慢的常绿针叶类,可培养 2～3 年后移植。移植初期,要注意遮阳、保湿,以提高成活率。

三、多肉多浆类花卉的扦插

多肉多浆花卉指茎变态为肥厚的能储存水分、营养的掌状、球状或棱柱状,叶变态为此状或厚叶状,且附有蜡质从而能减少水分蒸发,在干旱环境中能长期生存的多年生花卉,如生石花、石莲花、光棍树、燕子掌、金琥、黄毛掌、令箭荷花等。

(一)基质的选择与配制

因为多肉多浆花卉本身含水量较高,为防止腐烂,选择的基质除具有能保住一定水分和空气的功能外,必须要有良好的排水和通气性,例如珍珠岩、河沙、锯末、炉渣等,也可以混合使用。

(二)多肉多浆花卉扦插方法

同样由于本类花卉体内有较高的含水量,切取插穗后切勿急于扦插,建议阴凉处晾置 3～5 d 后进行,从而减少感染和腐烂概率。本类花卉常见的扦插方式有茎插、叶插和根插。

1. 茎插

扦插剪切场地应选择在没有风吹日晒的凉爽地方,剪切工具和扦插容器要提前进行消毒。用小刀沿茎基部迅速切下，速度要快，防止伤口四裂，切口不要远离叶节位置，应取在节上不超过 1 cm 处，尽量多留叶片，以利于为生根提供更多养分，而后涂抹少量药剂(如多菌灵、百菌清、甲基托布津等)。杀死细菌。在阴凉处晾晒 3 d 以上，时间宁长勿短，待伤口充分愈合，植株适当塌缩后再进行扦插，如果发现插穗疲软，切口基部发红或是出现龟裂纹时，则为扦插适宜时机。对于难生根的品种，可以涂抹生根粉或在生根粉溶液中浸泡 1～2 h，浓度不宜过大。

2. 叶插

选择健康，汁液饱满，表面无伤，无虫害的叶片。取下叶片，晾置 2～3 d，时间宁长勿短，待伤口充分愈合之后再进行扦插。扦插时将叶片平置于基质表面，或稍微倾斜，将叶柄少量埋入基质之中，然后放置在阴凉处，保持空气湿度和环境温度(图 2-5)。

图 2-5　石莲花叶插

3. 根插

一些多肉花卉地下根部分可以用来扦插繁殖，主根侧根均可。但必须是健康饱满的根系。

(三)扦插后的管理

1. 湿度

扦插后控制基质湿度，少浇水或者不浇水，尤其在扦插初期过度浇水会使得插穗腐烂，而叶片周围的空气湿度和叶片内细胞间的水气压应近似相等，保证其插穗内的细胞正常分裂，光合作用正常进行。因此，建议提高空气的相对湿度，使其保持在 90% 为宜。

2. 光照

避免阳光直射，光照条件在70%～85%为宜，过多会抑制不定根生长，甚至插穗脱水晒伤，过少则影响光合作用和营养物质的合成。

3. 温度

对于多肉花卉，在8～10℃时有少量愈合组织形成；在10～15℃时愈合组织生长加快，开始萌发不定根；在15～25℃范围，生根速度随着温度升高而迅速加快；25℃是扦插生根的最佳温度，但是容易感染腐烂菌；而温度升高到28℃后，生根速度下降；35℃以上扦插难以成活。生产实践中，通常20～25℃范围是多肉花卉扦插的最佳温度。

4. 其他

如果在基质中发现菌丝，应及时喷洒杀菌药剂；同时保持插床的洁净。

第三节　嫁接繁殖技术

嫁接繁殖是指把某一植物体营养器官的一部分，移接于其他植物体上，其组织相互愈合后，培养成为独立个体的繁殖方法。嫁接繁殖多用于扦插难以生根的或难以得到种子的花木，是繁殖无性系优良品种的方法。用于嫁接的枝条称接穗，所用的芽称接芽，被嫁接的植株称砧木，嫁接成活后的苗木称为嫁接苗。

嫁接繁殖是园林园艺植物培育生产的一种重要繁育方法，由于嫁接是将砧木、接穗两个植株的部分结合在一起，两者是相互影响的，因此嫁接除具有其他营养繁殖的优点外，还具有其他营养繁殖所无法代替的作用。

首先，嫁接繁殖能够增强植物的抗性和适应性。利用砧木对接穗的生理影响，提高嫁接苗的适应能力，起到抗寒、抗旱、抗病虫害等作用。

其次，能促进苗木的生长发育，提早开花结果。利用接穗发育成熟度高、砧木根系发达、养分充足的优势，短时间内给接穗提供充足养分，促进旺盛生长，缩短开花结果时间。

第三，能更换优良品种，树冠更新或救治树体创伤。

第四，能够提高植物的观赏价值。可使一树多花，把几种不同颜色或者不同果实的植物嫁接到同一株植物上。

第五，可以选育新品种。通过芽变选出新品种，可以通过嫁接来固定其优良性状，提高繁殖系数。

一、嫁接成活原理

嫁接成活主要是依靠砧木和接穗结合部位伤口周围的细胞生长、分裂和形成层的再生能力。嫁接后首先是伤口附近的形成层薄壁细胞进行分裂，形成愈伤组织，逐渐填满接口缝隙，使接穗与砧木的新生细胞紧密相接，形成共同的形成层，向外产生韧皮部，向内产生木质部，砧木与接穗完全结合在一起。由砧木根系从土壤中吸收水分和无机养分供给接穗，接穗的叶片制造有机养料输送给砧木，二者结合形成一个能够独立生长发育的新植株。由此可见，嫁接成活的关键是接穗和砧木二者形成层的紧密接合，接合面越大，越易成活。

二、影响嫁接成活的因素

影响嫁接成活的主要因素有砧木和接穗的亲和力、砧木和接穗的生活力、树种的生物学特性、外界环境条件及嫁接技术等几个方面。

（一）砧木与接穗的亲和力

亲和力是指砧木与接穗在结构、生理和遗传特性上彼此相似的程度和互相结合在一起的能力。亲和力高嫁接成活率也高，反之嫁接成活的可能性小。如果砧穗间没有亲和力，嫁接苗不能成活。一般规律是亲缘关系越近，亲和力越强，所以同种和同品种之间嫁接易成活，同属不同树种之间亲和力次之，不同属和不同科之间亲和力最弱，嫁接不易成活。

(二)砧木与接穗的生活力

愈伤组织的形成与植物种类及砧木与接穗的生活力有关。一般来说砧木与接穗生长健壮、体内营养物质丰富，生长旺盛，形成层细胞分裂活跃，其生活力强。

(三)植物的生物学特性

树木的物候期一致，特别是砧木萌动期早于接穗时，嫁接成活率较高。如果接穗萌动比砧木早，则接穗得不到砧木供应的水分和养分会“饥饿”而死，如果接穗萌动太晚，砧木溢出的液体会“淹死”接穗。有些树种，其枝富含松脂，影响砧木切口的愈合；有些树木则含单宁隔离而阻碍愈合；还有的早春根压很强，嫁接切削时，伤口因伤流而阻碍砧、穗的树液交流，窒息伤口处细胞的呼吸，使愈伤组织难以形成。

此外如果砧木和接穗的细胞结构、生长发育速度不同，嫁接会形成“大脚”或“小脚”现象。如黑松作为砧木嫁接五针松、女贞上嫁接桂花，均会出现“小脚”现象。除会影响观赏效果外，生长表现正常。如果没有更为理想的砧木时仍可采用上述砧木。

(四)外界环境条件

主要体现在温度和湿度的影响。在适宜的温度和湿度条件下进行嫁接有利于成活和苗木的生长发育。

1. 温度

温度影响愈伤组织形成的速度，和嫁接成活有很大关系。在适宜的温度条件下，愈伤组织形成快，嫁接易成活。温度过高或过低，都不利于愈伤组织形成。一般情况下适宜的嫁接温度为

25℃,但不同物候期的植物对温度的要求也有所差异。物候期早的比物候期晚的植物要求的适宜温度要低一些。如桃、杏在20～25℃最适宜,而山茶则在26～30℃最适宜。在春季进行枝接时,各树种安排嫁接时间的次序主要以此来确定。

2. 湿度

愈伤组织的形成需要一定的湿度条件,保持接穗的生活力也需一定的空气湿度。愈伤组织的薄壁细胞既薄又软,空气干燥会影响愈伤组织的形成,造成接穗失水干枯。一般接口位置的湿度以90%～95%为宜。

3. 光照

光照对愈伤组织的形成和生长有明显的抑制作用。在黑暗的条件下有利于愈伤组织的形成,嫁接后进行遮光有利于成活。

4. 病虫危害

为防止发生病虫害,在嫁接前应注意选择无病虫害的接穗和砧木。

5. 嫁接技术

嫁接技术是影响成活的重要因素。嫁接操作应牢记"齐、平、快、紧、净"五字要领。"齐"就是指砧木与接穗的形成层必须对齐,"平"指砧木与接穗的切面要平整光滑,"快"指操作的动作要迅速、尽量减少砧木与接穗切面失水,"紧"指砧木与接穗的切面必须紧密接合在一起,"净"指砧木、接穗切面保持清洁。

(五)嫁接时期

嫁接时期与各植物的生物学特性、物候期和选用的嫁接方法有密切关系,适宜的嫁接时期对提高嫁接成活有重大意义,应当根据嫁接方法、植物特性和气候特点灵活选择。总的来说凡是生长季节均可进行嫁接,只是在不同时期选用的嫁接方法不同。

1. 枝接时期

枝接在春季和秋季均可进行,以春季砧木树液开始流动,接穗尚未萌芽的时期最为理想。此时形成层细胞开始活跃，营养物质开始向地上部运输，但植物没有发芽损失养分，这时嫁接有利于愈合成活，一般于春季 3～4 月进行。由于各类花卉的生物学特性及各地环境不同，嫁接时间会有差异，应选择形成愈伤组织最有利的时期。如单宁含量高的植物应在其体内单宁含量较低的时期即砧木展叶后嫁接为好，伤流多的植物就在伤流较少的季节嫁接。

2. 芽接时期

芽接在生长季节均可实行，适宜芽接的时期比较长，一般在夏、秋季 6～9 月枝条上的芽成熟之后进行。芽接过早，芽的分化不完全，鳞片太薄，表皮角质化不完全，所取芽片过软过薄，嫁接时难以操作，并且砧木太嫩也不易操作，嫁接成活率低。芽接过晚，气温降低，砧木与接穗形成层不活跃，影响愈伤组织生长，也影响成活率。因此芽接的合适时间，应该在接穗开始木质化到砧木不离皮为止这个时间段。

(六)嫁接准备

1. 嫁接工具与用品准备

用于嫁接的工具主要有劈接刀、手锯、枝剪、芽接刀、铅笔刀或刀片、水罐和湿布、绑缚材料等。

2. 砧木准备

砧木对于嫁接成活及嫁接苗木的生长发育、植株大小、开花早晚、结实产量与质量以及观赏价值有着密切的关系，所以砧木的选择与培育是嫁接育苗的重要环节之一。要满足以下几个方面：①与接穗亲和力强；②对环境条件适应能力强，抗性强；③对接穗的生长和开花有良好影响，生长健壮、寿命长；④材料来源丰富，容易繁殖；⑤对病虫害抵抗力强。

3. 接穗准备

(1)接穗选择　选择接穗必须从栽培目的出发选择品种优良

纯正、生长健壮、观赏价值高、无病虫害的成年树作为采穗母树。一般选择树冠外围中、上部生长充实、芽体饱满的新梢或一年生粗壮枝条,有些应带一段2年生的老枝(如多数常绿针叶树),这样嫁接成活率高,且生长较快。

(2)接穗采集与贮藏　嫁接繁殖量小时,采集接穗最好做到随接随采,如果春季枝接量大,一般在休眠期结合冬季修剪将接穗采回,然后分级打捆,附上标签,标明树种、品种、采条日期、数量等。在适宜的低温下贮藏。夏季采集接穗,应立即去掉叶片(只保留叶柄)和生长不充实的梢部,并及时用湿布包裹,以减少水分蒸发。接穗贮藏一般在地窖或假植沟内,有条件可用冰箱或冷库效果更好,还有采用蜡封法进行贮藏。

一些生长季进行嫁接的植物、草本植物、多肉植物接穗应随采随接。木本花卉芽接,接穗可短期贮藏,取回的接穗不能及时使用的,可将枝条下部浸入水中放置于阴凉处,每天换水1～2次,可短期保存3～4 d。

接穗如需长途运输,应先使接穗充分吸水,用浸湿的麻布等材料包裹后装入塑料袋运输,途中要经常检查及时补充水分,防止接穗失水。

三、嫁接方法

(一)枝接育苗

使用植物的枝条作接穗进行嫁接通称为枝接,在生产上应用广泛。枝接的优点是嫁接后苗木生长快,健壮整齐,当年即可成苗,但需要接穗量大,可供嫁接的时间较短。枝接常用的方法有切接、劈接、插皮接和腹接等。

1. 切接

切接是花木枝接中常用的方法之一。多用于露地木本花卉嫁接。在春秋雨季进行,以春季为好。因为在春季顶芽刚萌动,新梢尚未抽生，这时枝条内的树液已开始流动，接口容易愈合，嫁接成活率高。此法无论高接或平接都适用(图 2-6)。

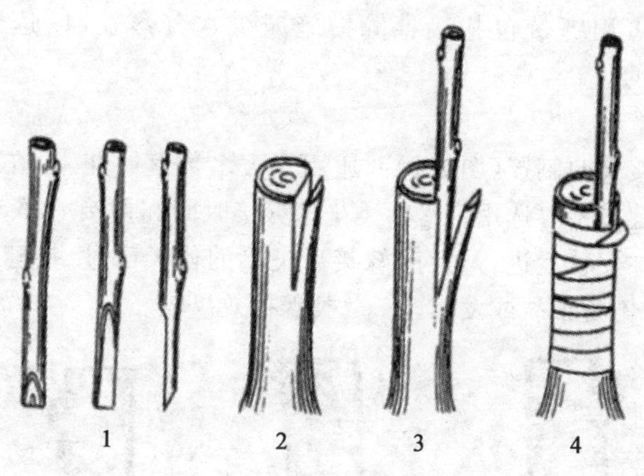

图 2-6 切接

1.接穗 2.砧木 3.插入接穗 4.绑缚

(1)切砧木 将砧木距地面 5～10 cm 处(可根据需要自行确定适宜高度)剪断、削平，选择较平滑的一面，用嫁接刀在砧木一侧木质部与皮层之间(也可略带木质部，在横断面上直径的 1/5～1/4 处)垂直向下切，切口深度 2～3 cm。

(2)削接穗 接穗长 10 cm 左右，保留 2～3 个完整饱满的芽。接穗下端的一侧用刀削成长 2～3 cm 的斜面，一般不要削去髓部，再于背面末端削成 0.8～1 cm 的小斜面(呈楔形)。

(3)插接穗 将接穗插入砧木切口中，接穗长削面朝里，短削面向外，使双方形成层对准密接。如果砧木切口过宽，可只对准一侧的形成层。接穗插入的深度以接穗水面上端露出 0.2～0.3 cm 为宜(俗称“露白”)，这样有利于接穗与砧木愈合和成活。

(4)绑缚 嫁接部位用塑料条由下向上紧密捆扎，使形成层密接和接口保湿,并能够防止切口感染病虫害。嫁接后为保持接口和接穗的湿度,防止失水干枯,可采用套袋、封土、涂接蜡或者用绑带包扎接穗等措施减少水分蒸发,以达到成活率的目的。

2. 劈接

劈接又叫割接(图 2-7)。适用于大多数落叶花木,在砧木较粗而接穗较小时选用。落叶类花木劈接时间和切接一样,而常绿花木则在立秋后进行,此时嫁接后炎热的伏天已过,接穗不易失水,伤口不易干裂或发霉。玉兰类嫁接效果较好。

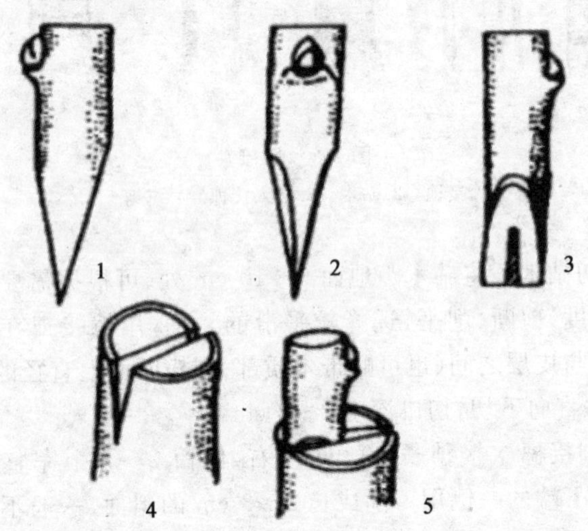

图 2-7 劈接

1. 接穗正面 2. 接穗反面 3. 接穗侧面 4. 砧木劈口 5. 插入

(1)切砧木 将砧木在距地面一定高度或树冠大枝的适当部位剪断,用嫁接刀从其截面中间或 1/3 处垂直劈一裂口,深度 2~3 cm。

(2)削接穗 接穗削成楔形,两侧的削面长短一致,削成一侧薄而另一侧稍厚，呈楔形，但比砧木裂口深度长 1 cm 左右，削面要光滑。

(3)插接穗　接穗削好后把砧木劈口撬开，将接穗厚的一侧向砧木外侧，薄的一侧向砧木内侧插入劈口中，使两者的形成层对齐，接穗削面上端高出砧木切口 0.2～0.3 cm。砧木较粗时，为了提高成活率，常用两根接穗插入砧木切口的两侧，二者的外侧形成层要对齐。

(4)绑缚　绑缚的方法与切接法类似。

3. 插皮接

插皮接是枝接中最易掌握，成活率最高，应用较广泛的一种嫁接方法，其要求砧木较粗，且皮层易剥离的情况下采用(图 2-8)。在生产中用此法高接、低接均可。

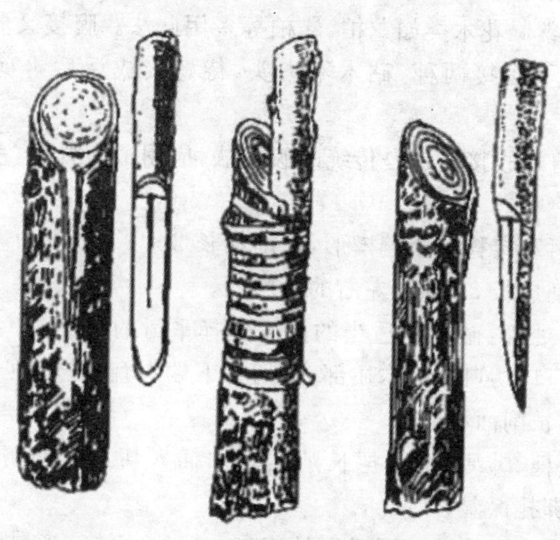

图 2-8　插皮接

(1)削接穗　切取生长健壮的一二年生枝条的中下部 5～

6 cm，带 2～3 个芽，离上芽 1 cm 处平切，基部作 45°锐角斜切，长 3～5 cm，在削面两侧背面轻轻削一下，露出形成层，再在长削面的下端背面削长 0.5 cm 左右的短斜面，便于插入。

(2)处理砧木　砧木离地面 10 cm 处平切，选取一侧，用小刀划一小纵口，深达木质部，用刀将树皮与木质部撬开。

(3)插接穗　将削好的接穗从砧木切口沿木质部与韧皮部中间插入，长削面向里，短削面向外，并使接穗背面对准砧木切口正中，接穗上端注意“露白”。如果砧木较粗或皮层韧性较好，可直接将削好的接穗插入皮层。

(4)绑缚　绑缚要领与切接、劈接基本相同。

4. 腹接

腹接又称腰接。腹接是在砧木的较高部位进行枝接，在生长期进行。常绿花木类如龙柏、翠柏等多用此法。腹接又分为普通腹接及皮下腹接两种，砧木不去头，待嫁接成活后再剪除上部枝条。

(1)普通腹接　这是传统的腹接法，应用最为普遍，一般在早春进行。

削接穗：接穗削成偏楔形，长削面长 2～3 cm，水面要平而渐斜，背面削成长 2.5 cm 左右的短削面。

砧木处理：砧木在适当的高度选择平滑的一面，自上而下斜切一个切口，切口深入木质部，但切口下端不宜超过髓心，切口长度与接穗长削面相当。

插接穗、绑缚：将接穗长削面朝内插入切口，注意形成层对齐，接后绑扎保湿。

(2)皮下腹接　适用于生长期(6～9 月)嫁接，接穗取当年生半木质化的枝条，因此又称嫩枝腹接(图 2-9)。该法成活率高，削接穗的方法与普通腹接法相同。

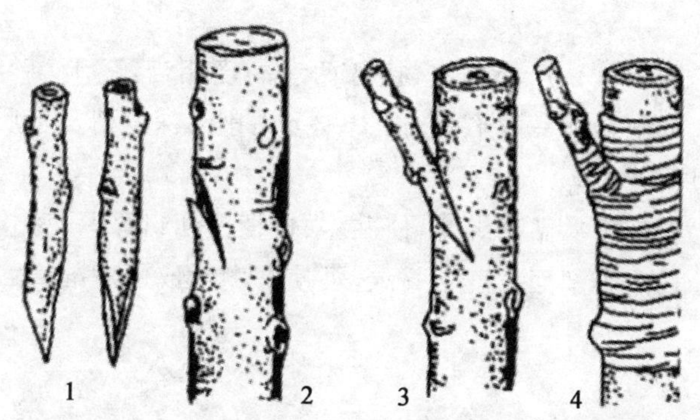

图 2-9 皮下腹接

1.接穗 2.砧木 3.插入接穗 4.绑缚

削接穗:接穗长削面平直斜削,在背面下部的两侧向尖端各削一刀,以露白为度。

砧木处理:在砧木要进行嫁接的部位进行切口,切口不伤及木质部,将砧木横切一刀,再竖切一刀,切口呈"丁"字形。

插接穗、绑缚:撬开皮层,将接穗长削面朝内插入"丁"字形切口,使形成层相互吻合,而后加以绑扎。

5.靠接

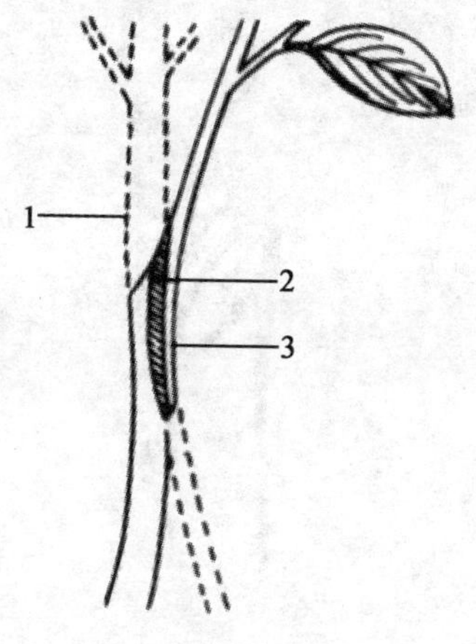

图 2-10 靠接

1.砧木 2.接穗 3.接合部位

靠接又称诱接、带根接(图2-10)。靠接的特点是砧木与接穗各有自己的根系,嫁接时不需剪断,对两者的养分运输无大影响,容易成活。多用于亲和力较差或用其他嫁接方法难以接活的花木。但这种嫁接方法操作烦琐,繁殖数量有限。

(1)削切口　选择砧木、接穗两者高度相当，茎干均匀、光滑的枝条，分别各削一段平面，长 2～3 cm，削入深度稍及木质部，露出形成层。

(2)处理　靠砧穗绑缚，使砧木、接穗的切口靠紧、密接，两者形成层对齐，若削面宽度不一致，可使一侧形成层对准，然后加以绑扎。

6. 舌接

舌接适用于砧木和接穗粗度在 1～2 cm，且大小粗细接近时使用的一种嫁接方法(图 2-11)。

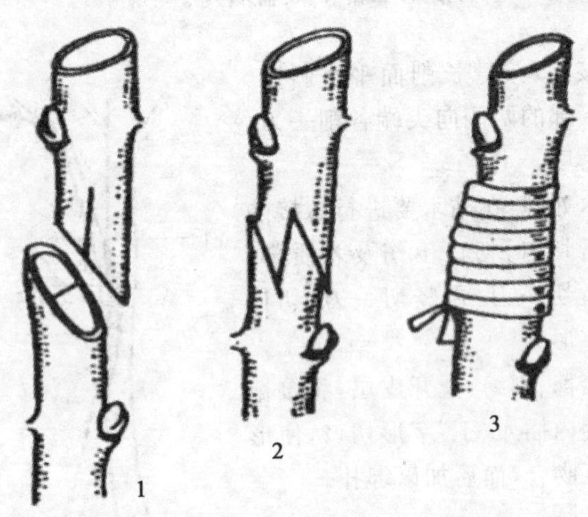

图 2-11　舌接

1. 砧木和接穗　2. 接合　3. 绑缚

(1)削砧木　砧木上端削成 3 cm 长的削面，再在削面由上向下 1/3 处垂直下切 1 cm 左右的切口，呈舌状。

(2)削接穗　在接穗下端平滑处由上向下削 3 cm 长的斜削

面，再在斜面由下往上 1/3 处垂直切 1 cm 左右的纵切口，和砧木斜面部分切口相对应。

(3)绑缚　将接穗的短舌嵌入砧木的切口内，舌部彼此交叉，互相插紧，然后绑扎即可。

7. 根接

根接是用树根作砧木，将接穗直接接在根上的方法（图 2-12）。各种枝接方法均可采用。根据接穗与根砧的不同，可以正接，即根砧上切接口；也可倒接，即将根砧按接穗的削法切削，在接穗上进行嫁接。

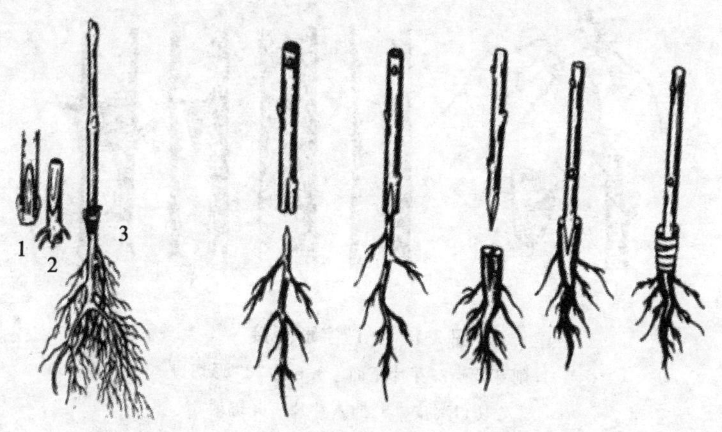

图 2-12　根接

1. 接穗　2. 砧木　3. 接合体

(二)芽接育苗

芽接是在接穗上削取一个饱满的芽，嫁接在砧木上，由芽发育成一个独立的植株。芽接的优点是：可以节约大量的接穗，一个芽可繁殖一株新苗，适宜大量繁殖。芽接对砧木要求不严，一般一年生的砧木苗就能嫁接，可缩短砧木培育时间。嫁接的时期长,6～9 月均可进行。此法技术简单,容易掌握,成活率高,即使嫁接不活对砧木影响也不大,当年还可以补接。根据取芽的形状和结合方式不同,芽接的具体方法有"T"字形芽接、嵌芽接、方块芽接、套芽接等。

1."T"字形芽接

又称丁字形芽接、盾形芽接,是芽接中最常用的一种方法,常用在 1～2 年生的砧木上。砧木过大不仅皮层过厚不便操作,而且接后不易成活(图 2-13)。

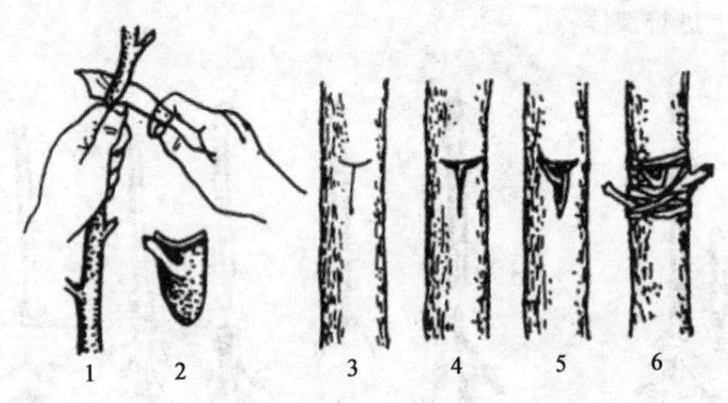

图 2-13 "T"字形芽接

1.削芽片　2.芽片正面　3.砧木"T"形切口
4.切口离皮　5.插入芽片　6.绑缚

(1)削接芽　用当年生枝条为接穗,除去叶片,留有叶柄,在芽的上方 0.5 cm 处用芽接刀横切一刀,深达木质部,再由芽的下方 1～2 cm 处向上斜削入木质部,削到横切口即可,然后用两指捏住叶柄轻轻取下芽片,芽片一般不带木质部,芽片随取随接。

(2)切砧木　在砧木距地面 5～10 cm 处或生产中要求的高度位置,选光滑无疤部位横切一刀,以切断皮层为度,然后从横切口中央向下竖切一个长1～2 cm的切口，使切口呈“T”字形。

(3)插接芽　用刀从“T”字形切口交叉处挑开，把芽片往下插入，使芽片上边与“T”形切口的横切口对齐。

(4)绑缚　用塑料薄膜或其他绑扎材料将切口自下而上绑扎好，注意将芽和叶柄留存外面，以便检查成活。

“T”字形芽接的砧木过细不易操作，成活率也低。芽接前，先将砧木嫁接部位以下的分枝剪除，以利操作；并提前灌水，使砧木苗水分充足，容易离皮。

2. 嵌芽接

此法和“T”字形芽接的不同之处在于：不在砧木的皮层上切“丁”字形切口，而是按照接芽片的大小和形状，把砧木上的皮层削掉，把芽片嵌入切口之中，然后绑扎。常用的取芽和削皮形式有片状、环状和盾状(图2-14)。此法适于砧木过粗或过细以及皮层不易自然剥离的树种，如柿、核桃、白玉兰等。

图2-14　嵌芽接

1、2. 削接穗　3、4. 取芽片　5. 嵌芽片　6. 绑缚

(1)取接芽　自上而下切取,先在芽的上方0.8～1 cm处稍带木质部往下斜切一刀,长约1.5 cm,再在芽下方0.5～0.8 cm处斜切一刀至上一刀底部,即可取下芽片。

(2)切砧木　在砧木选好的部位自上而下稍带木板部削一个长宽与芽片相等的切面,切削方法与切削芽片相同。

(3)插接芽、绑缚　将芽片接入砧木切口,使两者形成层对齐,用塑料条绑扎好。

3. 方块芽接

方块芽接又叫块状芽接(图2-15)。此法芽片与砧木形成层接触面大,成活率高;但操作复杂,工效较低。

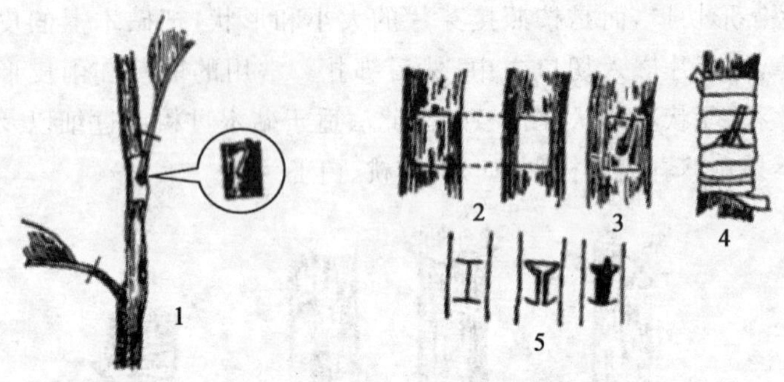

图2-15　方块芽接

1. 取芽片　2. 砧木开口　3. 插入芽片　4. 绑缚　5. “双开门”方式

(1)取接芽　在饱满芽等距离的上下部位横切一刀,深达木质部;再在芽位两侧各切一刀,也深达木质部,取一边长1.5～2 cm的接芽块。

(2)切砧木　在砧木上适当的高度选一光滑部位,切与接芽上下等距离的横向两个切口,再在两切口中间或一侧切一切口,一种是切成“工”字形,称“双开门”芽接;另一种是从一侧纵切,称

“单开门”芽接。

(3)插接芽、绑缚 用刀尖轻轻将砧木韧皮部的切口挑起，把方形芽片嵌入，将砧木韧皮部覆盖在接芽上，用塑料条绑缚。

此法是在“丁”字形芽接的基础上发展形成的。其特点是操作简便，工效高，一旦技术熟练，可提高成活率。

4. 套芽接

又叫管状芽接、环状芽接(图 2-16)。此法适于皮层容易剥离的花木，并要求砧木与接穗直径相等或相近。

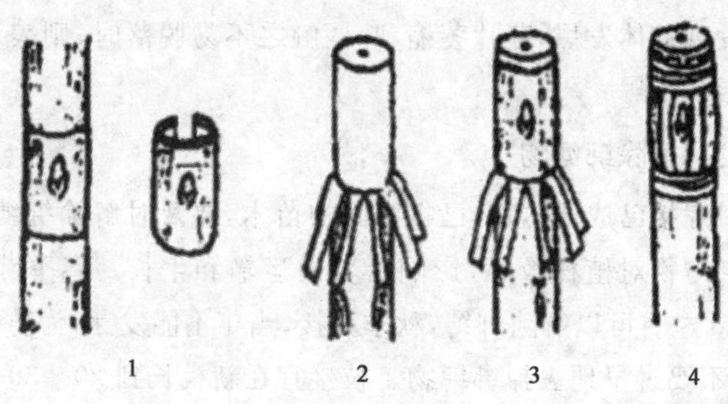

图 2-16 套芽接

1. 取接芽 2. 切砧木 3. 接合 4. 绑缚

(1)取接芽 将枝条从接芽的上方剪断，在接芽下方用刀环切一圈，把皮层切断，或纵切一刀进行剥离，轻拧下圆筒状的皮层套管，上带一个接芽。

(2)切砧木 再将砧木的嫁接部位上方枝条剪去。用同样方法除去一圈皮层。

(3)绑缚 把接芽套管套在砧木切口木质部上，再将砧木上的皮层向上包合，盖住砧木与接穗的接合部，用塑料条绑扎。

此法多在夏末及秋季进行，因这时春梢较充实，营养物质多，有利于愈合与成活。

四、嫁接管理

嫁接完成后，嫁接苗要通过后期的管理才能完成整个嫁接育苗过程。对于苗木嫁接后和管理可从以下几方面进行。

(一)检查成活与补接

芽接后1周左右，有的2～3周即可检查成活情况，以便及时补接。凡芽体和芽片叶呈新鲜状态，叶柄一触即落，表示已经成活。发现芽体发黑，芽片萎缩，叶柄触之不易脱落时，则表示嫁接未成活。

(二)解除绑缚物

对嫁接已成活，愈合已很牢固的苗木，要及时解除绑缚物，以免因绑缚物对植株绞缢，影响营养的运输和生长。春季芽接，一般20 d左右可以解除绑缚，秋季芽接，当年不能发芽，为防受冻和干缩，不要过早地去掉绑缚物。枝接宜在新梢长到20～30 cm，接合部已生长牢固时，再除去绑缚。

枝接过程中，要在砧基或接合部位培土保护。成活后临近萌发时，要及时破土放风，以利于接穗萌发和生长。

(三)剪砧

春季芽接和枝接，应在嫁接时剪去接合部以上的砧木部分；秋季芽接的则应在第二年春季萌芽之前剪砧。

(四)设立支柱

在春季风大的地区，为防止接穗新梢风折和接口劈裂，当新梢高度达20～30 cm时，应靠砧设立支柱，绑缚新梢，以减轻风摇和损伤。等风季过后，再剪去砧条。

（五）抹芽、除萌

嫁接后，往往会在砧木接口以下或根部发出许多萌条和根蘖，消耗水分和营养，应随即将其抹除。当嫁接未成活时，则应从萌条中选留一枝直立、健壮的枝条，加强管理，以备补接时应用。

（六）培土防寒

在北方地区，嫁接苗与播种苗及其他营养繁殖苗一样，应注意防旱防寒，特别是嫁接的接合部，要顺苗行培土，高度以 20 cm 盖住接口为宜。

（七）圃内整形

当嫁接苗长到一定高度时，应按照树种特性、栽植地条件、树形类别、培养目的的要求进行定干。定干后，可按树形要求通过抹芽、除蘖、疏枝、短截、攀扎等方法进行整形。

（八）田间管理

嫁接苗成活后，温度、水分、光照按常规育苗管理。春、夏两季遇有干旱应及时灌溉，秋季应控水。苗圃地应进行多次中耕锄草，并做好苗木的病虫防治。

第四节 分生繁殖技术

分生育苗是利用植物体的再生能力，将植物体分生出来的幼植物体（如吸芽、珠芽等），或者植物营养器官的一部分（如走茎及变态茎等）与母株分离或分割，另行栽植培育，使之形成独立成活的新植株的繁殖方法。该繁殖方法能够保持母株遗传性状，具有简单易行、成活率高、成苗快、繁殖简便等优点，但繁殖系数低。在生产中主要用于丛生性强、萌蘖性强和能形成球根的宿根花卉、球根花卉以及部分花灌木。如菊花、八仙花、贴梗海棠、棣棠、郁李、玫瑰、绣线菊、紫荆等常采用分株繁殖方法。

依植株营养体的变异类型和来源不同分为分株繁殖和分球繁殖两种。

一、分株繁殖

分株繁殖多用于丛生性强的花灌木和萌蘖力强的宿根花卉(图 2-17)。是繁殖花木的一种简易方法,其成活率高,成苗快,不足之处是苗木的产量较少。牡丹、芍药、蜡梅、君子兰、兰花、玉簪、鸢尾等常用此法繁殖。

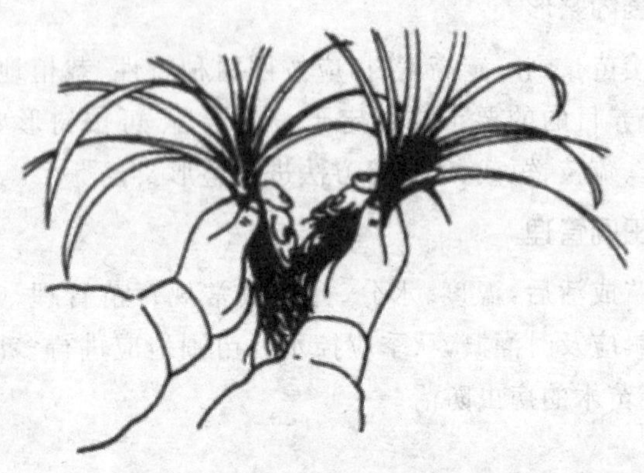

图 2-17 分株繁殖

(一)分株育苗时期

分株育苗主要在春、秋两季进行。一般春季开花的植物宜在秋季落叶后进行,而秋季开花的植物应在春季萌芽前进行。

落叶花木类的分株繁殖应在休眠期进行。南方可在秋季落叶后分株。此时的空气湿度较大,土温较高,花木在入冬前能发出一些新根，有利于植株越冬。北方可在早春植物萌芽前进行分株。常绿花木没有明显的休眠期，但冬季大多进入半休眠状态，因此常绿花木的分株最好在春季植株萌动之前进行。

(二)分株育苗方法

1. 丛生及萌蘖类分株

不论是分离母株根系的萌蘖，还是将成株花卉分劈成数株，分出的植株必须是具有根茎的完整植株。将牡丹、蜡梅、玫瑰、中国兰花等丛生性和萌蘖性的花卉，挖起植株酌量分丛；蔷薇、凌霄、金银花等，则从母株旁分割，带根枝条即可。

2. 宿根类分株

对于宿根类草本花卉，如鸢尾、玉簪、菊花等，地栽3～4年后，株丛就会过大，需要分割株丛重新栽植。通常可在春、秋两季进行，分株时先将整个株丛挖起，抖掉泥土，在易于分开处用刀分割，分成数丛，每丛3～5个芽，以利分栽后能迅速形成丰满株丛。

3. 块根类分株

对于一些具有肥大的肉质块根的花卉，如大丽花、马蹄莲等所进行的分株繁殖。这类花卉常在根茎的顶端长有许多新芽，分株时将块根挖出，抖掉泥土，稍晾干后，用刀将带芽的块根分割，每株留3～5个芽，分割后的切口可用草木灰或硫黄粉涂抹，以防病菌感染，然后栽植。

4. 根茎类分株

对于美人蕉等有肥大的地下茎的花卉，分株时分割其地下茎即可成株。因其生长点在每块茎的顶部，分茎时每块都必须带有顶芽，才能长出新植株，分割的每株留2～4个芽即可。

(三)分株操作要领

(1)掘开根部土壤,露出根系。

(2)将枝条从母株上切离,丛生型灌木一般每丛带1～3个枝条,乔木的萌蘖用单枝即可,枝条基部必须带有根系,切离时伤口尽量小。

(3)将切离的枝条掘起,修剪根部的损伤部位,必要时对伤口进行消毒。

(4)定植切离的新植株。

(四)分株繁殖苗木的管理

苗木分离定植后初期,根系的吸收功能不强,容易失水造成伤亡。这一阶段要加强水分管理,必要时采取遮阳措施,保证移植成活。

从生型及萌蘖类的木本花卉,分栽时穴内可施用些腐熟的肥料。通常分株繁殖上盆浇水后,先放在荫棚或温室蔽光处养护一段时间,如出现凋萎现象,应向叶面和周围喷水来增加湿度。北方地区秋季分栽,入冬前宜截干或短截修剪后埋土防寒保护越冬。如春季萌动前分栽,仅适当修剪,使其正常萌发、抽枝,花蕾最好全部剪掉,以利植株尽快恢复长势。

对一些宿根性草本花卉以及球茎、地茎、根茎类花卉,在分栽时穴底可施用适量基肥,基肥种类以含较多磷、钾肥的为适。栽后及时浇透水、松土,保持土壤适当湿润。对秋季移栽种植的种类浇水不要过多,来年春季增加浇水次数,并追施稀薄液肥。

二、分球繁殖

分球繁殖是指用利用球根花卉地下部分分生出的子球进行分栽的繁殖方法(图2-18)。根据种类不同,可分为球茎类繁殖、鳞茎类繁殖、块茎类繁殖、根茎类繁殖、块根类繁殖。

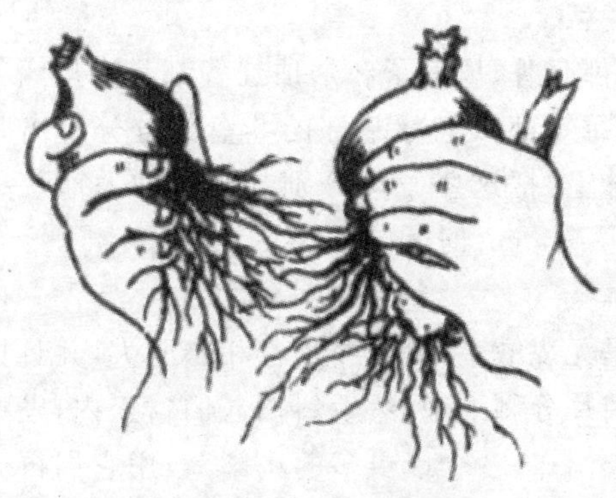

图 2-18 分球繁殖

(一)球茎类繁殖

球茎为茎轴基部膨大的地下变态茎,短缩肥厚呈球形,为植物的贮藏营养器官。球茎上有节、退化叶片和侧芽。老球茎萌发后在基部形成新球,新球旁再形成子球。新球、子球和老球都可作为繁殖体另行种植,也可带芽切割繁殖。

球根花卉通常采用分球法繁殖,此法依照球根自然增殖的性能,从母株所形成的新球根——鳞茎、球茎、块茎及块根等分离栽根,不需人工分割,所以又称其为自然分株法。分球时期在休眠后,球根掘出时即可进行。唐菖蒲和慈姑等可用此法繁殖。

(二)鳞茎类繁殖

鳞茎由一个短的肉质的直立茎轴(鳞茎盘)组成,茎轴顶端为生长点或花原基,四周被厚的肉质鳞片所包裹。鳞茎由小鳞片组成,鳞茎中心的营养分生组织在鳞片腋部发育,产生小鳞茎。鳞茎、小鳞茎、鳞片都可以作为繁殖材料。郁金香、水仙常用小鳞茎繁殖。百合常用小鳞茎和珠芽繁殖,也可用鳞片叶繁殖。

1. 有皮鳞茎

如水仙、郁金香、风信子和朱顶红等都是有皮鳞茎，都是秋植球根类花卉，每年都从老球基部的茎盘部分分生出几个子球，它们抱合在母球上，把这些子球分别栽来培养大球，一般要经几年时间，直径达 5～7 cm 时才能开花。

2. 无皮鳞茎

百合等是无皮鳞茎，每个鳞片都相当肥大，并且抱合很松散，繁殖时可把鳞片分剥下来，然后斜插入旧盆土内，发根后，可从老鳞片的基部长出 1～3 个或更多的小鳞茎，用它们再分栽繁殖，经 3～4 年才能开花。

（三）块茎类繁殖

如美人蕉等，地下部分具有横生的块茎，并发生许多分枝。在分割块茎繁殖时，每根分割下来的块茎分枝都必须带有顶芽，才能长出新的植株。分栽后无论块大小，当年就能开花。

（四）根茎类繁殖

如马蹄莲、一叶兰等的地下部分是根茎，它们大多是多年生常绿植物，根茎的茎节部分能形成侧芽，这些侧芽发育后能长出新的叶丛。可将叶丛的地下根茎割开，把一株分成数株，连同根系上盆分栽。

（五）块根类繁殖

如大丽花等，地下部分是块根，叶芽着生在接近地表的根茎上，因此分割时每一部分都必须带有根茎部分。繁殖时应将整簇块根栽入土内进行催芽，然后再采脚芽来扦插繁殖。

球根花卉分球繁殖应注意的几个主要问题。

(1)栽植球根时要分离大球侧面的小球，即栽植时大球与小球要分别栽植，这样避免由于养分的分散而造成开花不良的影响。

(2)大多数种类的球根花卉,其能吸收养料水分的根少且脆而嫩,碰断后不能再生新根,因而球根一经栽植以后,在生长期间不可移植。

(3)球根花卉大多数叶片甚少或有定数,如唐菖蒲在长出一定数量的叶片(通常 8 片左右)后,便不能再发出新叶,所以在栽培中应当注意保护,不要损伤,否则会影响光合作用,不利于新球的成长。

(4)球根花卉许多又是良好的切花,因而在进行切花栽培时,在满足切花长度要求的前提下,尽量多保留植株的叶片。

(5)开花后正值地下新球成熟充实之际,应加强肥水管理。

(6)花后应立即剪除残花,不使结实,以减少养分消耗,有利新球之充实。如果是专门作为球根生产栽培时,通常在见花蕾发生时即除去,不使开花,保证养分供应新球生长。

三、其他分生繁殖方法

(一)分吸芽

某些植物根际或地上茎的叶腋间自然发生的短缩、肥厚呈莲座状的短枝(短匍茎),其下部可自然生根,可从母株上分离而另行栽植。在根际发生吸芽的有芦荟、景天等;地上茎叶腋间发生吸芽的有菠萝等。

(二)分走茎

自叶丛抽出的节间较长的茎(长匍茎)。节上着生叶、花和不定根,也能产生幼小植株。分离小植株另行栽植即可形成新株。以走茎繁殖的植物有草莓、虎耳草、吊兰等。匍匐茎与走茎相似,但节间稍短,横走地面并在节处生不定根和芽,多见于禾本科的草坪植物,如狗牙根等。

(三)分珠芽

珠芽和零余子是某些植物所具有的特殊形式的芽,生于叶腋(如卷丹、薯蓣)或花序上(如葱类),脱离母株自然落地后即可生根长成新的植株。

四、中国兰花分株繁殖方法

中国兰花通常是指兰属植物中的一部分地生种,属多年生常绿草本植物,根肉质肥大,具假鳞茎,叶线形或剑形,花茎直立,花小而芳香。中国兰花以其特有的叶、花、香给人以清雅、高洁的印象,有"花中君子"之称,为我国传统十大名花之一,具有很高的观赏价值。

(一)分株时间

中国兰花分株的最佳时机是在春、秋两季发芽之前的休眠期。在休眠期,兰花的新根、新芽未发,茎株也积累了较多的营养,此时进行分株,既不影响观花,又可避免分株操作时误伤兰花的根和芽,同时也有利用新植株恢复生长。在春暖和秋凉之时进行分株,还可避免新植株受到高温或冻害。

根据兰花花期的不同,早春开花的如春兰,可在秋季进行分株;夏、秋季节开花的种类如建兰,则最好在早春进行分株。

(二)分株方法

在分株前一段时间要控制水分,让盆中基质适当干燥,使兰花的肉质根发白变软,以减轻分株与种植过程中对兰根的损伤。

1.起苗

先挖除部分盆面基质后,用手轻轻拍打盆的四周,待盆内基质稍松散后,用手抓住没有嫩芽的假鳞茎,缓缓用力,将兰花从盆中取出,小心抖落根团中的基质。脱盆起苗过程中应尽量避免断根太多或损伤兰叶。

2.清杂

用水冲洗兰根，洗去残留基质后，剪除兰株上枯叶、病叶及烂根。操作时要注意避免伤害健康的根、叶和幼芽，伤口处可用70%甲基托布津可湿性粉剂 1 000 倍液或 50%多菌灵可湿性粉剂 800 倍液涂抹消毒。

清杂消毒后，将兰株放置在阴凉处晾干，待根部发白变软时，即可进行分株。

3.分株

用剪刀在兰花假鳞茎连接松散处剪开分株，分株后的每个兰丛要保证有三个以上连接在一起的并带芽眼的假鳞茎，做到既有老株也有新株。多株成丛种植后长势较好，也较容易开花。对于某些珍稀品种，在必要情况下也可以两假鳞茎连体为一组分开，最好不要单株种植。在剪开假鳞茎时应注意避免剪刀伤到新芽和根。

分株后，用 70%甲基托布津可湿性粉剂 1 000 倍液或 50%多菌灵可湿性粉剂 800 倍液浸泡消毒，晾干后即可待植。

(三)种植

1.垫盆

盆底用一块瓦片盖住排水孔，再用砖块、卵石等粗颗粒铺垫物逐步填充至盆内高度的 1/3 处。用铺垫物垫空盆底可保证盆体内畅气走水，其具体高度可根据兰花的种类及兰根的长短和盆的高矮而定。

2.种植

在铺垫层上铺一层培养基质，把兰花直立摆放在上面，调整好兰花植株的位置和高度，把新株摆在盆中间，老假鳞茎偏居一侧，使新芽有发展的余地同时保证新株长大后在盆中央开花。逐步添加培养基质来填充根部，可边添加一部分基质，边沿盆的四周轻压基质，让基质深入根际，直至基质掩至植株的假鳞茎基部。

种植过程中要让兰根自然舒展，不可挤压成一团，这样每条根都能接触基质，通气性也较好，否则容易腐根。中国兰花生性喜浅植，种植时假鳞茎须露出基质，若过于深植，假鳞茎基部长期潮湿会引起腐烂。

(四)分株后的管理

分株时兰株经杀菌药剂浸泡消毒，为不影响药效，种植后 2～3 d 内不浇或少浇水。可通过根外喷雾来补充水分，待伤口愈合后再充分浇灌。新植株须避免强光直射，以防过度脱水，应置于阴凉处，同时可适当喷雾以增加空气湿度。在新根未长出时，不能施肥，以防止发生烂根。

第五节　压条繁殖技术

压条，又称压枝，是把花卉植株的枝条埋入湿润土中，或用其他保水物质(如苔藓)包裹枝条，创造黑暗和湿润的生根条件，待其生根后与母株割离，使其成为新的植株。它与扦插繁殖一样，是利用植物器官的再生能力来繁殖的，多用于一些扦插难以生根的花卉，或一些根叶较多的木本花卉。其根本特点是脱离母体的营养器官，具有再生的能力，能在离体的部分长出不定根，不定芽，从而发展成为独立生活的植株。其特点是：能够保持某些栽培植物的优良性状，且繁殖速度较快。

压条繁殖的原理和枝插相似，只需在茎上产生不定根即可成苗。不定根的产生原理、部位、难易等均与扦插相同，和花卉种类有密切关系。

一、压条时期

(一)休眠期压条

在秋季落叶后或早春萌芽前，利用花木 1～2 年生的成熟枝条进行压条。早春枝叶未萌发，枝条积累的养分充足，此时进行压条容易生根成活。

(二)生长期压条

常绿树压条繁殖应在雨季进行，此时气温合适，雨水充足，并有较长的生长时期以满足压条的伤口愈合、发根和成长，用当年生枝进行压条。

二、压条方法

根据压埋的位置高低可将其分为低压法和高压法两种，常见花木压条方法如表 2-2 所示。

表 2-2 常用花木压条方式

名称	压条方法	压条时期	促根方法
落叶杜鹃	普通压	春、夏	
紫珠	普通压、堆土压	春、夏	刻伤处理
凌霄	普通压	春、夏	
紫荆	堆土压	夏	
铁线莲	普通压、波状压	夏	
四照花	普通压、水平压	春、夏	
木槿	堆土压	春、夏	
八仙花	普通压	春、夏	
木兰	堆土压	春	
蜡梅	普通压	春	
桂花	高空压	春	
常绿杜鹃	普通压	春、夏	刻伤处理
蔷薇	普通压	春	
紫藤	普通压、水平压	春	

(一)低压法

1. 普通压条

普通压条为最常用的压条方法,适用于枝条离地面比较近而又易于弯曲的丛生类花木,如蜡梅、迎春、茉莉等(图 2-19)。选择基部近地面的 1～2 年生枝条弯到地面,在接触地面处挖深 10 cm 左右、宽 10 cm 左右的沟,靠母株一侧的沟挖成斜坡状,相对壁挖垂直。先在节下用刀刻伤或环状剥皮,将枝条埋入土中,深 10～12 cm,将枝条顺沟放置,用固定木钩或其他方法将枝条卡住,以防反弹。然后覆土,把顶梢露在地面,插棍绑缚固定。此种方法多在早春或晚秋进行,春季压条秋季切离,秋季压条,翌春切离。

对于移植难成活或珍贵的花木,可将枝条压入盆中或筐中,待其生根后再切离母株。

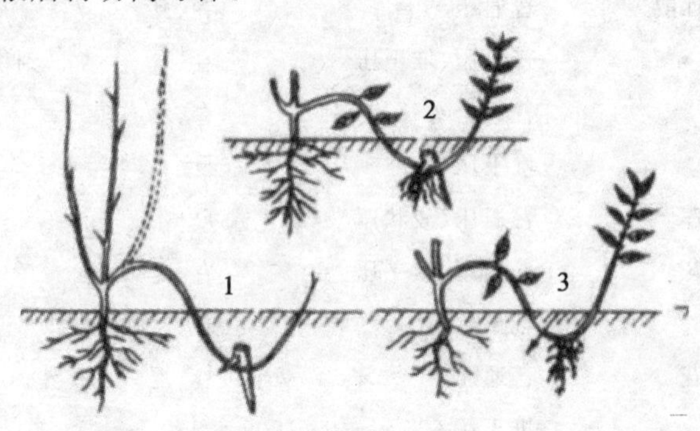

图 2-19　普通压条

1. 刻伤曲枝　2. 压条　3. 分株

2. 波状压条

适合于枝条长而容易弯曲的花木(图 2-20)。将枝条弯曲牵引到地面,在枝条上进行数处刻伤,将每一伤处弯曲后埋入土中,用小木叉固定。当刻伤处生根后，与母株分别切开移植，即成为数个独立的植株。

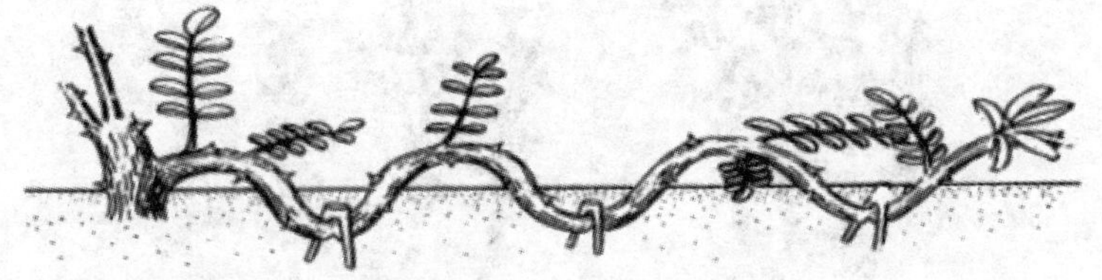

图 2-20 波状压条

3. 水平压条

适用于枝长且易生根的植物，如藤本月季、常春藤、凌霄等（图 2-21）。使枝茎弯曲平卧土面或浅沟中，上面覆土，使每个芽节处下方产生不定根，上方芽萌发新枝，待生根后与母株切离另栽。一根枝条可获得多株苗木。

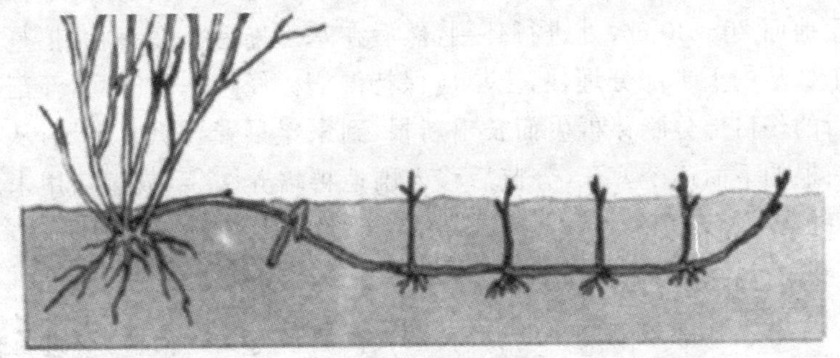

图 2-21 水平压条

4. 堆土压条

堆土压条适于多萌蘖芽及枝条不易弯曲的花木（图 2-22）。如八仙花、六月雪、黄金雀、贴梗海棠等。压条前先将基部皮层刻伤，再向上培土 20～30 cm，经常保持培土湿润。待生根后刨土，与母株切离，分别栽培。

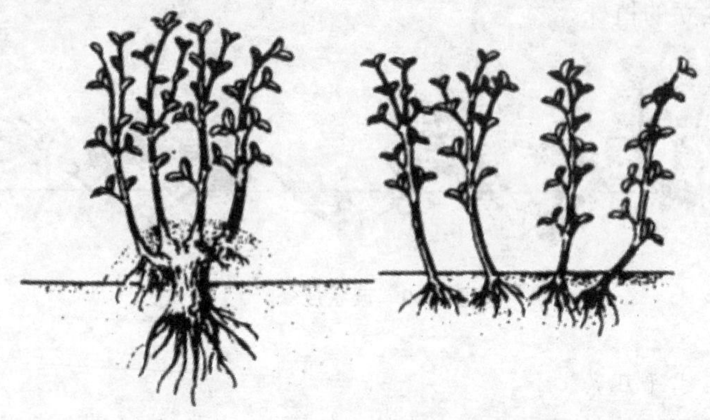

图 2-22　堆土压条

堆土繁殖由于被压的枝条不需弯曲埋入土中，因此更适合于枝条不易变曲的种类。其在夏初的生长旺季进行，将枝条的下部距地面 20～30 cm 处进行环割，然后在基部堆上呈馒头状，把整个株丛的下半部分埋住，土堆应保持湿润。经过一段时间，环割后的伤口部分隐芽再生而长出新根，到来年早春再扒开土堆，从新根的下面逐个剪开，分苗后移入圃地再培养 1 年，或直接用来定植。

（二）高压法

对于基部不易发生萌蘖，枝条太高不易弯到地面时，可进行高压条法，亦称空中压条。此法虽然比较麻烦，但更易从植株上选择理想的盆景材料。如常用在白兰、含笑、米兰、桂花、山茶、梅花、九里香、杜鹃等树种的繁殖（图 2-23）。

高压时首先要在高压部分做一圈环状剥皮，环剥宽度可在 1.5 cm 左右，并要将木质部上残存的嫩皮彻底刮干净，然后将伤口晾上半天直至变干后，此时可使用适当浓度的激素涂抹，然后

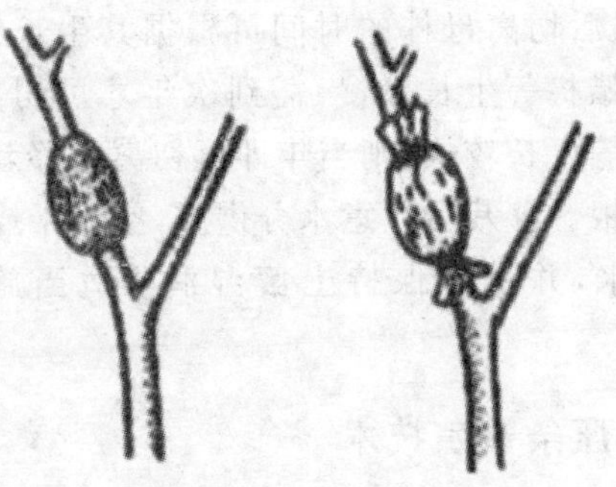

图 2-23 高枝压条

用竹筒、铁罐或塑料袋等套住刻伤部分，并固定在较粗的枝条上，罐中填以苔藓、腐殖土等。高压最好在每年 5 月上旬进行，夏季即可产生愈伤组织和生根，秋季生长停止后与母体切离上盆养护管理。较大的枝条进行压条分离时不宜一次割断，应检查根部的发育情况，已达到标准要求时即以利刀割离母株。

对不容易发根的可在压条部分节下纵向刻出几道短小的伤痕或横向环割 1 圈；也可用刀在枝干上向上斜切一刀，深度约为干径的 1/2，在裂缝中夹一石子，或在干上作环状剥皮；还可将被压部分枝扭伤，但不应折断；或用棕线或铅丝使枝干紧缚深达木质部将韧皮部勒断。经过以上处理后，可使上部叶片制造的同化养分，被阻于生根部分，由于养分的集中，有利愈合组织的形成和不定根的发生。另外还可以用吲哚丁酸（IBA）或萘乙酸（NAA）等生长素对压条进行处理，促使其生根。

三、压条后管理

压条后应保持土壤的合理湿度，调解土壤通气和适宜的温度，适时灌水，及时中耕除草。检查埋入土中的压条是否露出地面，露出要重压，枝条太长可剪去部分顶梢。

压条生根后切离母株的时间可根据其生长快慢而定，有些种类如梅花、蜡梅等生长较慢，需到次年才可切离；而有些种类如月季、忍冬等生长较快，则当年即可切离。移栽时要尽量多带土，以保护新根。移栽后注意水分供应，空气干燥时注意叶面喷水及室内洒水，并注意保持土壤湿润。适当施肥，保证生长需要。

四、桂花压条繁殖技术

(一)母树选择

母树应选择树势健壮、无病虫危害、品种纯正、丰产优质的成年树，从这样的母树上繁殖的苗木长势好、投产早、花质好、产量高，幼树生长势旺，再生力强，易于生根成活，但成花往往较迟。一般选 10～15 年的桂花作为母本树。供压条用的枝条以 2～3 年生为好，也可选用 3～4 年生枝条。

(二)压条时期

原则上可全年进行，但以春分至谷雨时期为最好。此时根系已开始活动，根部贮藏养分已向上回流，地上部同化作用已在进行，对促进生根极为有利。

(三)压条方法

1. 低压法

预先于母株基部挖掘压条沟或坑，将近地面的枝条弯曲固定于沟内，覆土压实，使枝条先端露出地面，经常保持土壤湿润，6 个月或 1 年后即可生根，切离母体，移植苗圃内培育 2 年，即可成苗出圃。

2. 高压法

在强壮的母株上选择 2～3 年生枝条，在压取部位先行环状剥皮，并涂抹 200 mg/L 萘乙酸水溶液，用对开竹筒或塑料薄膜包裹,内填蛭石、水苔或培养土包严扎紧,经常保持湿润。一般 6 个月后即可切离母体进行盆栽,或另行栽植培育大苗。

(四)影响桂花压条发根和生长速度的因素

树龄大小同生根的关系不很明显,而枝龄对发根影响较大,枝龄越小,发根越容易;树冠较小,树冠下阳光充足处压条,发根容易,根量多,新株长势好,成苗快。反之生根较慢,苗木长势差;土壤疏松通气,排水良好,压条发根较快,苗木长势好;不同种类和品种特性不一,发根能力也有差异。金桂压条在当年的 8～9 月已经生根,而早银桂、晚银桂往往要到第 2 年才能生根。

第六节　植物组织培养技术

植物组织培养是根据植物细胞具有全能性这个理论发展起来的一项无性繁殖新技术。是通过无菌操作,把植物的外植体接种于人工配置的培养基上,在人工控制的条件下进行培养,使其成为完整植株的方法。近二三十年,我国植物组织培养研究工作取得很大的成就,在花药培养和单倍体育种上,一直处于国际领先水平。应用组织培养快速繁殖技术,可繁殖出优良的花卉种苗,对农业、林业生产做出了较大的贡献。

一、植物组织培养的基本原理

(一)植物细胞的全能性

所谓植物细胞的全能性,就是指植物的每个细胞都具有该植物的全部遗传信息和发育成完整植株的能力。一切植物都是由细胞构成的。在植物的生长发育中,一个受精卵可以成为具有完整形态和结构机能的植株,这就是全能性,就是该受精卵具有该物种全部遗传信息的表现。植物组织培养的历史就是植物细胞全能性理论提出、证明和得到广泛应用的历史。

(二)植物细胞的再生性

在植物中很多是靠种子生长来产生完整的植株,但也有不少可通过根、茎、叶等器官再生而成为完整的植株,这种特性叫细胞的再生性。从植株分离出根、茎、叶的一部分器官,其切口处组织是受到了损伤,但这些受伤的部位往往会产生新的器官,长出不定芽和不定根,人们利用这一特点来进行营养繁殖。新器官产生的原因是由于受伤的组织产生了创伤激素,促进了周围组织的生长而形成愈伤组织,凭借内源激素和贮藏营养的作用,于是就产生了新的器官。

(三)植物激素在细胞分化中的作用

植物激素是植物新陈代谢中产生的天然化合物,能以极微小的量影响到植物的细胞分化、分裂、发育,影响到植物的形态建成、开花、结实、成熟、脱落、衰老和休眠、萌发等许多生理活动。

二、培养基的成分

培养基是供微生物、植物和动物组织生长和维持用的人工配制的养料,一般都含有碳水化合物、含氮物质、无机盐以及维生素和水等。有的培养基还含有抗生素和色素。

(一)无机营养

1. 大量元素

根据国际植物生理学会建议,植物所需元素的浓度大于0.5 mmol/L(每升毫摩尔)的称大量元素。主要有:氧(O)、碳(C)、氢(H)、氮(N)、钾(K)、磷(P)、镁(Mg)、硫(S)和钙(Ca)等,占植物体干重的百分之几十至万分之几,其中氮又有硝态氮(NO_3^-)和铵态氮(NH_4^+)之分,这两种状态的氮对离体组织都是需要的,但是两者应保持适当的比例。

2. 微量元素

根据国际植物生理学会建议，植物所需元素的浓度小于0.5 mmol/L 的称微量元素。主要有：铁（Fe）、铜（Cu）、锌（Zn）、锰（Mn）、钼（Mo）、硼（B）、碘（I）、钴（Co）、氯（Cl）、钠（Na）等。

这两类元素在培养基中的含量虽然相差悬殊，但都是离体组织生长和发育必不可少的基本的营养成分。

(1)氮　枝叶生长需要氮素，缺氮老叶先发黄；氮过量，枝叶过度茂盛，若磷肥又不足，则不开花或花期延迟。

(2)磷　为开花结实不可缺少的元素。缺磷，植株生长缓慢，老叶暗紫色。

(3)钾　促进花卉生长健壮，增强抗性，茎秆挺拔。缺钾，叶尖、叶缘枯焦，叶片呈皱曲状，老叶发黄或火烧状。

(4)镁　镁是构成叶绿素的成分。缺镁，叶片边缘及中央部分失绿而变白，叶脉出现色斑。

(5)硫　缺硫，变为淡绿，进而变白。

(6)铁　缺铁，细胞分裂停止，绿叶变黄，进而变白。

(7)锰　缺锰，叶片上出现缺绿斑点或条纹。

(8)锌　缺锌，叶子变黄，或出现白斑，叶子小。

(9)钙　钙促进幼根生长。缺钙，嫩叶失绿，叶缘向上卷曲，出现白色条纹。

(10)硼　缺硼，叶失绿，叶缘向上卷曲，顶芽死亡。

(11)钴　缺钴，叶片失绿而卷曲，整个叶片向上弯曲凋枯。

(二)有机营养

1. 氨基酸

氨基酸是蛋白质的组成成分，也是一种有机氮化合物。常用的有甘氨酸、谷氨酸、精氨酸、丝氨酸、丙氨酸、半胱氨酸以及酰胺类物质（如天门冬酰胺）和多种氨基酸的混合物（如水解酪蛋白、水解乳蛋白）等。有机氮作为培养基中的唯一氮源时，离体组织生长不良，只有在含有无机氮的情况下，氨基酸类物质才有较好的效果。

2. 有机附加物

复杂有机附加物包括有些成分尚不清楚的天然提取物，如椰乳、香蕉汁、番茄汁、酵母提取液、麦芽糖等。近年来，落地生根属植物的浸提物，以及中药材人参、西洋参等的报道。但其成分不定，其中利于生长或分化的成分，在质量和数量上受到其产地、季节、气候、株龄即栽培条件等多种因素的影响。所以多数研究家认为，仍以采用成分确定的化合物来代替天然产物较好。

3. 维生素类

植物合成的内源维生素，在各种代谢过程中起着催化剂的作用，当植物细胞和组织离体生长时，也能合成一些必需的维生素，但不能达到植物生长的最佳需要量。它能明显地促进离体组织的生长。培养基中的维生素主要是 B 族维生素，如硫胺素（维生素 B_1）、吡哆醇（维生素 B_6）、烟酸（维生素 B_3，又称维生素 PP）和泛酸钙（维生素 B_5）、生物素（维生素 H）、钴胺素（维生素 B_{12}）、叶酸（维生素 B_9）、抗坏血酸（维生素 C）等。

4. 糖类

糖是花卉组织培养不可缺少的物质，它不仅能够提供外植体能量，同时作为碳源，为细胞提供合成新化合物的碳骨架，为细胞的呼吸代谢提供底物，而且也能维持一定的渗透压。常用的碳源有果糖、葡萄糖、蔗糖等，其中蔗糖最常用，效果也最好。大多数植物细胞对蔗糖的需求范围是 1%～5%，但个别植物组织培养蔗糖的浓度可高达 7%甚至 15%。

（三）植物生长调节剂

常用于植物组织培养的植物激素有：生长素类、细胞分裂素类、赤霉素类、脱落酸和乙烯。

1.生长素

它作为组织培养中外源激素的重要来源，对外植体的生长是十分重要的。常用的生长素有吲哚乙酸(IAA)、吲哚丁酸(IBA)、萘乙酸(NAA)、2,4-二氯苯氧乙酸(2,4-D)等。IAA的活力较低，可能是最弱的激素，对器官形成的副作用小。2,4-D在组织培养中的起动能力要比IAA高10倍，特别在促进愈伤组织的形成上活力最高，但它强烈抑制芽的形成，影响器官的发育。生长素对发根有作用，对愈伤组织的产生和再分化有诱导作用，还能促进细胞的分裂、分化和新陈代谢。

2.细胞分裂素

常用的有玉米素(ZT)、6-苄氨基腺嘌呤(6-BA)、激动素(KT)。细胞分裂素不仅能促进细胞分裂，诱导细胞扩大，解除顶端优势，促进侧芽生长，而且还有减少叶绿素的分解，延缓叶片衰老的作用。但是，细胞分裂素对根的生长一般起抑制作用。注意:通常当生长素/细胞分裂素的比例高时有利于生根；生长素/细胞分裂素的比例低时则有利于产生芽；若两者浓度相当时，既不利于生根，也不利于生芽，愈伤组织的产生则占优势。关于激素控制器官形成的这一模式，在许多植物组织培养中得到了验证。但在一些情况下，不是生长素/细胞分裂素的比值决定器官的发生，而是绝对浓度。

3.赤霉素

赤霉素(GA)种类很多，一般认为在植物的幼嫩部位，如幼芽、幼叶、幼根、发育中的幼胚等处是赤霉素的合成场所，它可通过木质部和韧皮部向下或向上运输。溶于酒精，常配成1 mg/mL的溶液备用。

4.其他激素

脱落酸(ABA)和多效唑(PP_{333})、乙烯等生长调节物质也用于组织培养中。可促进不定芽的作用。因此，组织培养中究竟采用哪些生长调节物质,采用什么样的比例,要根据培养的目的、植物的种类和激素种类而定。

(四)琼脂

在固体培养时,琼脂是使用最方便、最好的凝固剂和支持物。琼脂以色白、透明、洁净的为佳。琼脂还可以吸附某些代谢有害物质。其主要作用是对培养物的支持、通气,并便于观察研究。琼脂的用量一般在 5～10 g/L,加入太多,则培养基太硬,使培养材料不能很好地吸收培养基中的营养,造成培养材料干燥枯死;用量太少,则培养基太软,使培养材料在培养基中不稳定,甚至下沉。培养基酸度太大或灭菌时间过长时,培养基也发软。

(五)其他成分

除上述物质外,培养基中还可以添加其他成分,如活性炭、抗生素、生长抑制剂等。活性炭加入培养基中主要是利用其吸附能力,减少一些有害物质的影响。另外,活性炭使培养基变黑,有利于某些植物生根。加入抗生素的目的主要是防止菌类污染,减少培养中材料的损失。常用的抗生素有青霉素、链霉素、土霉素、金霉素、红霉素、庆大霉素等。生长抑制剂主要作用是调节植物的内源和外源激素有利于诱导培养物发生一定的生理变化和形态形成。常用的生长抑制剂有脱落酸、根皮苷、多效唑、三碘苯甲酸、间苯三酚、矮壮素等。

三、培养基的配制

在植物组织培养中所使用的培养基种类很多,决定植物组织培养是否成功的关键,是培养基中所添加的植物生长物质。

(一)母液的配制

经常使用的培养基,可先将各种药品配成浓缩一定倍数的母液,放入冰箱内保存,用时再按比例稀释,一般配成比所需浓度高10～100倍的浓溶液。母液要根据药剂的化学性质分别配制,一般配成大量元素、微量元素、铁盐、维生素、氨基酸等母液。其中维生素、氨基酸类可以分别配制,也可以混在一起。配制成的母液,放入冰箱内保存。配制母液时有两种方法:一是将母液配制成几种不同化合物的混合溶液;二是将母液配制成单一化合物的溶液。

1. 母液1的配制

(1)称量　用天平称取下列药品,分别放入烧杯。

NH_4NO_3　82.5 g

KNO_3　95.0 g

$MgSO_4 \cdot 7H_2O$　18.5 g

(2)混合　用少量蒸馏水将药品分别溶解,然后依次混合。

(3)定容　加蒸馏水定容至1 000 mL,成50倍液。

2. 母液2的配制

(1)称量　用天平称取 $CaCl_2 \cdot 2H_2O$ 22.0 g。

(2)定容　加蒸馏水定容至500 mL,成100倍液。

3. 母液3的配制

(1)称量　用天平称取 KH_2PO_4 8.5 g。

(2)定容　加蒸馏水定容至500 mL,成100倍液。

4. 母液4的配制

(1)称量　用天平称取下列药品,分别放入烧杯。

Na_2-EDTA　1.865 g

$FeSO_4 \cdot 7\ H_2O$　1.390 g

(2)混合　用少量蒸馏水将药品分别溶解后混合。

(3)定容　加蒸馏水定容至500 mL,成100倍液。

5. 母液 5 的配制

(1)称量　用天平称取下列药品，分别放入烧杯。

H_3BO_3　0.31 g

$MnSO_4 \cdot 4H_2O$　1.115 g

$ZnSO_4 \cdot 7H_2O$　0.43 g

KI　0.041 5 g

$NaMoO_4 \cdot 2H_2O$　0.012 5 g

$CuSO_3 \cdot 5H_2O$　0.001 25 g

$CoCl_2 \cdot 6H_2O$　0.001 25 g

(2)混合　用少量蒸馏水分别将药品溶解，然后依次混合。

(3)定容　加蒸馏水定容至 1 000 mL，成 50 倍液。

6. 母液 6 的配制

(1)称量　用天平称取下列药品，分别放入烧杯。

肌醇　5.0 g

甘氨酸　0.1 g

烟酸　0.025 g

维生素 B_6　0.025 g

维生素 B_1　0.005 g

(2)混合　用少量蒸馏水分别将药品溶解，然后依次混合。

(3)定容　加蒸馏水定容至 250 mL，成 200 倍液。

7. 生长调节物质母液的配制

(1)称量　用天平称取生长素（或细胞分裂素）50～100 mg。

(2)溶解　生长素（如 IAA、IBA、NAA、2,4-D）可用少量 95%的酒精或 0.1 mol/L 的 NaOH 溶解，细胞分裂素（如 KT、ZT、6-BA）可用 0.1 mol/L 的 HCl 加热溶解。

(3)定容　加蒸馏水定容至 100 mL，配制成浓度为 0.5～1 mg/mL 的溶液。

(二)母液的保存

1. 装瓶

将配制好的母液分别倒入瓶中,母液瓶上贴好标签,注明母液号、配制倍数(或浓度)与配制日期。

2. 贮藏

将母液瓶贮放在冰箱内备用。

(三)固体培养基的配制

(1)将配制好的母液按顺序排列。

(2)然后依次用专用的移液管按需要量吸取预先配制好的各种母液及激素等,并混合在一起。

(3)再将琼脂和糖加入其中。

(4)最后加蒸馏水定容至所需体积。

(5)随即用 0.1～1.0 mol/L 的氢氧化钠(NaOH)和盐酸(HCl)将 pH 调至所需的数值(一般通过高压灭菌,pH 会向酸性一侧偏移 0.1～0.5),然后分装到培养瓶中。大多数植物都要求 pH 在 5.6～5.8 的条件下进行组织培养。

(四)固体培养基的灭菌与保存

培养基一般采用湿热灭菌法,即把分注培养基后的培养器皿置入蒸汽灭菌锅中进行高温高压灭菌。用 1.1 kg/cm^2、121℃的温度,灭菌 15～20 min,即可达到灭菌的目的。若灭菌时间过长,会使培养基中的某些成分变性失效。进行高压蒸汽灭菌时,要注意排出空气,一般是待水沸腾后蒸汽连续排出时,维持 30 s;或一开始就关闭排气阀,待压力达到约 2.27 kg 时,然后排气。

在保存中应做到防尘、避光、恒温、定期更新。

四、接种与培养

(一)培养材料的选择

1.选择优良的种质

无论是离体培养繁殖种苗,或者是进行生物技术研究,培养材料的选择都要从主要的植物入手,选取性状优良的种质,或特殊的基因型。对材料的选择要有明确的目的,具有一定的代表性,提高成功概率,增加其实用价值。

2.选择健壮的植株

组织培养用的材料,最好从生长健壮的无病虫的植株上,选取发育正常的器官或组织。因为这些器官或组织代谢旺盛,再生能力强,比较容易培养成功。

3.选择最适的时期

组织培养选择材料时,要注意植物的生长季节和植物的生长发育阶段。如快速繁殖时应在植株生长的最适时期取材,这样不仅成活率高,而且生长速度快,增殖率高;花药培养应在花粉发育到单核期时取材,这时比较容易形成愈伤组织。

4.选取适宜的大小

建立无菌材料时,取材的大小根据不同植物材料而异。材料太大易污染,也不需要;材料太小,多形成愈伤组织,甚至难于成活。一般选取培养材料的大小,在0.5～1.0 cm。如果是胚胎培养或脱毒培养的材料,则应更小。

(二)培养材料的表面灭菌

外植体在接种前先要灭菌,在灭菌前,又先要进行预处理。植物材料一般采取的预处理方法是,先对植物组织进行修整,去掉不需要的部分,将准备使用的植物材料在流水中冲洗干净。经过预处理的植物材料,其表面仍有很多细菌和真菌,因此还需进一步灭菌。

外植体表面灭菌处理的步骤：

(1)用自来水刷洗、冲洗采来的植物材料。

(2)用洗衣粉浸泡 30 min(时间长短依植物种类和植物材料的幼嫩程度而异)，期间不断搅动，然后用自来水冲洗干净。

(3)在超净工作台上进行最后的灭菌处理。

用 75%的酒精进行初次消毒。将外植体放在一个经过灭菌的玻璃瓶或烧杯中，向其中倒入 75%的酒精没过外植体，并不断搅动或轻晃以除去外植体表面的气泡，10～30 s 后，倒去酒精。用无菌水冲洗 2～3 次。再用 2%～10%的次氯酸钠溶液或 0.1%的升汞等消毒剂进行深层消毒(其间不断搅动或轻晃)。再用无菌水冲洗 3～4 次，冲洗次数依消毒剂的不同而异。酒精、次氯酸钠、次氯酸钙、双氧水等由于附着力相对较弱，故冲洗 3 次即可；如用升汞消毒，消毒后难以除去残余的汞，因此消毒后要多次冲洗，最少在 4 次以上。最后用无菌滤纸吸干外植体表面的水分，即可用于接种。

(三)外植体接种

外植体的接种是把经过表面消毒后的植物材料切碎或分离出器官、组织、细胞，并将它们转放到无菌培养基上的全部操作过程。整个接种过程均须无菌操作。操作过程中引起的污染，主要由空气中的细菌和工作人员带菌引起的。因此除接种室空气消毒外，应特别注意防止工作人员带菌引起的污染。

操作人员需着经消毒的白色工作服，戴口罩。操作期间经常用 70%的酒精擦拭双手和台面。特别注意防止“双重传递”的污染，例如器械被手污染后又污染培养基等。在打开培养瓶、三角瓶或试管时，最大的污染危险是管口边沿沾染的微生物落入管内，解决这个问题，可在打开前用火焰烧瓶口。如果培养液接触了瓶口，则瓶口要烧到足够的热度，以杀死存在的细菌。工具用后及时消毒,避免交叉污染。工作人员的呼吸也是污染的主要途径。通常在平静呼吸时细菌是很少的,但是谈话或咳嗽时细菌便增多,因此操作过程应禁止不必要的谈话并戴上口罩。

(四)外植体的培养

接种后的外植体应送到培养室培养。培养室的培养条件要根据植物对环境条件的不同需求进行调控。其中最主要的是光照、温度、湿度、氧气和培养基的 pH 等。

普通培养室要求每日光照 12～16 h,光照强度 1 000～5 000 lx。如果培养材料要求在黑暗中生长,可用铝箔或者置于暗室中培养。不同的植物有不同的最适生长温度,大多数植物最适温度在 23～32℃。培养室一般所用的温度是(25±2)℃。低于 15℃或高于 35℃,对生长都是不利的。培养室内保持 70%～80%的相对湿度。

五、蝴蝶兰的组织培养

蝴蝶兰属于单茎性气生兰,植株上极少发育侧芽,常规无性繁殖系数低。20 世纪 60 年代开始研究大量蝴蝶兰的组培技术,主要是利用茎尖、茎节、叶片等外植体诱导原球茎来进行快繁。

(一)初代培养

蝴蝶兰的种子、花梗侧芽、花梗节间、茎尖、茎段、叶片、根尖等部位均有培养成功的报道,方法各异,难度各有高低。

1. 无菌播种

将生长 120 d 以上,未开裂的蝴蝶兰蒴果剪下。在无菌条件下用 70%酒精浸泡 20 s,以 0.1%氯化汞溶液处理 5 min 后,用无菌水冲洗 5 次,在培养皿中以解剖刀切开果皮使种子散出,直接用解剖刀刮去种子,均匀播在 MS＋6-BA 0.5 mg/L＋NAA 0.1 mg/L 种子萌发培养基或 MS 培养基中培养。

2. 花梗培养

剪下花梗，冲洗干净，以节为单位切成 1.5 cm 长的小段，除去花梗上苞叶，用 0.1%氯化汞浸泡 8～10 min，再用无菌水冲洗 5～8 次，接种到 MS＋6-BA 3.0～5.0 mg/L＋NAA 1.0 mg/L＋椰子汁（CM）15%培养基上。培养条件：温度 24～26℃，光强 1 500 lx，光照时间 10～16 h/d。

3. 茎尖培养

将茎去叶，用流水冲洗干净，用 10%漂白粉溶液浸泡 15 min，切下叶原基，再用 5%漂白粉溶液消毒 110 min，用无菌水冲洗干净，置于解剖镜下，切取大小 2～3 mm 茎尖或叶基部腋芽。

（二）继代培养

1. 丛生芽继代

花梗腋芽培养生成的丛生芽，经 55～60 d 的培养，花梗基部和培养基逐渐变黑，这时将丛生芽切下转接到 MS＋6-BA 3.0～5.0 mg/L 的培养基继代培养，约 50 d 后可以生成新的丛生芽，增殖倍数为 3～4 倍。如出现褐变现象，可事先在培养基中加入 200 mg/L 谷胱甘肽。

2. 原球茎继代

当采用茎尖、叶片或根尖等外植体诱导的原球茎达到一定大小并长满瓶时，需及时继代增殖，即在无菌条件下切成小块，接种到新鲜的培养基中，切块大小应在 2 mm 以上，继代培养基以 MS＋6-BA 5～10 mg/L＋NAA 1 mg/L＋椰子汁（CM）10%为好。

（三）生根培养

当原球茎继代增殖到一定数量后，其在继代培养基中或转移到生根培养基中培养，均可以分化出芽，并逐渐发育成丛生小植株。切下丛生小植株，将增殖的健壮芽接种到 1/2MS＋IBA 1.5 mg/L＋蔗糖 2%的生根培养基上，不久植株即可生根。

(四)驯化移栽

移栽前 5 d 左右,在室内将封口膜打开 1/3 左右,使幼苗与空气有一定接触。2 d 后,移入到驯化温室内,使幼苗完全暴露在空气中,适当遮阳,3 d 后即可移栽。苔藓等栽培基质要经过高温消毒。小心取出幼苗,放在 1 000 倍多菌灵水溶液中洗去培养基,用镊子夹住幼苗根部,插入栽培基质至第 1 轮小叶,用手小心压紧。

蝴蝶兰为热带气生兰,喜温,生长适温 18～28℃,温度低于 10℃时,生长速度降低,容易烂根死亡;温度高于 35℃、通风不良时,会对植株有伤害。只要控制好水分和温度,移栽成活率可达 90%以上。当长出新叶和新根时,每周用 0.3%～0.5%磷酸二氢钾进行叶面施肥 1 次。

第三章

露地花卉生产技术

露地花卉是指在当地自然条件下，整个生长发育周期可以在露地进行，或主要生长发育时期能在露地进行的花卉。它包括一些露地春播、秋播或需用温床、冷床育苗的一二年生草本花卉及多年生宿根、球根花卉；还包括可露地栽植并自然露地越冬，或稍加防寒即可过冬的木本花卉。其特点是品种多、花色丰富、花期集中，美化效果快，便于大面积应用。生态类型多，能适应露地各种自然环境条件的布置。栽培管理相对粗放、简便，设备投资费用少。繁殖系数大，多数种类可播种繁殖，许多品种也可采用扦插、分株繁殖。本章主要介绍适合嘉兴地区及相近气候条件地区生长的露地花卉。

第一节 露地花卉的栽培管理

一、整地做畦

1. 选址

要充分考虑所种品种所需要的光照、土壤、水源、排水等

条件。

2. 整地

根据不同类型花卉决定翻耕整地的深度，一二年生花卉宜浅，宿根、球根花卉和木本花卉宜深。整地应先翻起土壤、细碎土块，清除石块、瓦片、残根、断茎及杂草等，以利种子发芽及根系生长。土地使用多年后，常导致病虫害频繁发生，此时可将心土翻上，表土翻下。

3. 土壤改良、客土

对不适合花卉生长的地方要进行土壤改良，或添加质量较好的土壤，即客土。

4. 施肥

在耕地后施堆肥或厩肥，即施基肥。

5. 做畦

露地花卉栽培多采用畦栽方式，依地区和地势的不同，常采用高畦与低畦两种方式。做畦是为了防止积水和便于灌溉，在有坡度的地形也可在周边或部分位置做好排水沟，整片种植。

二、繁殖

(一)穴盘育苗

在温室内或冷凉大棚内，用穴盘育苗，塑料盆或营养钵上盆，然后种植到露地。如矮牵牛、朱唇、夏堇、三色堇、紫罗兰等。

1. 播种时间

根据用花时间和花卉的生态习性，选择春播、夏播或秋播。

2. 播种方法

播种基质一般采用进口草炭土与蛭石或珍珠岩 4∶1，pH 5.8～6.2，拌匀、浇水至基质湿度用手捏滴水，一扔又散开，200 穴或 105 穴穴盘点播，播后根据花卉种子的大小和对光照的要求，选择覆盖蛭石或者不覆盖，浇透水后小拱盖薄膜。适温 20～

26℃，保持土壤湿润。当80%种子的子叶顶出土面时，一般3～12 d，去掉薄膜，降低温度，日温18～24℃，夜温13～18℃喷洒苗菌敌防止猝倒病。以后定期使用杀菌剂，苗期10～15 d喷施叶面肥。浇水坚持见干见湿的原则，给予充足的光照。

3. 上盆及管理

当真叶3～4片时开始上盆。土壤为草炭土与田园土1∶1的混合土壤，选盆径9 cm的塑料盆，或盆径12 cm×10 cm的营养钵。上盆后10～15 d施一次水溶性肥料1 000～2 000倍。1个月花苗现蕾后，可施用0.2%的磷酸二氢钾1～2次。

（二）露地播种

一二年生花卉可以直接播种在需要定植的地块上。待种子发芽后通过间苗（如果撒播均匀也可不间苗）和除草，来形成理想的景观效果。如波斯菊、百日草、二月兰、矢车菊、虞美人等。

1. 清理土表

清理杂草、枯枝落叶、砖头石块。

2. 土壤改良、翻地

过于贫瘠的土壤，翻耕时每亩施有机肥500 kg，磷酸二胺20 kg，磷肥10 kg，尿素5 kg进行改良。翻耕深度不低于20 cm土层。

3. 平整土地、做畦

平整土地进一步清理杂物；根据种植的要求做畦、挖排水沟，坡地或排水良好的地块，也可以片植。

4. 播种

（1）播种时间　温度稳定在8℃以上，35℃以下均可进行。

（2）播种方式　撒播、条播或喷播。坡度大于45°、浇水困难、沙性太强的条件下建议采用条播或喷播，并覆盖草帘及无纺布等保湿。

(3)播种过程　划分地块的面积，每块不超过600 m^2。称取相应的种子，将种子与3～5倍体积的湿沙混匀，分两次在规定面积上撒完。较大的种子，撒完后用铁丝耙来回轻耙，以保证大部分种子与土壤接触。播种后洒水，保证10 cm的土层湿润。播种20 d内保持土壤湿润。

5.除草

播种后25 d和40 d，进行2次关键除草工作，禾本科杂草在此期间喷施一次除草剂盖草能或精禾草克或精喹禾灵，半个月即可枯死。

三、灌溉

露地花卉虽然可以从天然降雨获得所需要的水分，但由于天然降雨的不均匀，远不能满足花卉生长的需要。特别是干旱缺雨季节，对花卉的生长有很大的影响，因此灌溉工作是花卉栽培过程中的重要环节。降雨较多而分布比较均匀的地区，可以减少灌溉，但应做好随时灌溉的准备，因为在花卉生长期间，一旦缺水即会影响以后的生长，严重者甚至造成死亡。

1.灌溉方式

露地花卉灌溉的方式有畦灌、浇灌、喷灌、滴灌。露地花卉育苗期最主要采用浇灌和喷灌。种植到大面积的花田可采用畦灌、喷灌和滴灌。

2.灌溉用水

原则上雨水、河水、池塘水、湖水、井水、泉水、自来水都可以用于露地花卉的灌溉，前提是没有被污染的软水。合理利用雨水和河水既能节省成本，也能收到良好的效果。

3.灌溉时间

在灌溉时间上特别要注意播种后、移植后、春夏季干旱时期、生长旺盛时期、防冻期的水分需求。灌水时间也因季节而异。夏季灌溉应在清晨和傍晚时进行，这个时间水温与土温相差较小，不致影响根系的活动，傍晚灌溉更好，因夜间水分下渗到土层中去，可以避免日间水分的迅速蒸发。冬季灌溉应在中午前后进行，因冬季早晨气温较低。

四、施肥

根据露地花卉的需肥要求，在基肥、追肥时注意植物生长不同阶段的营养元素的合理配置。

花卉的施肥，可分基肥和追肥两大类。

基肥一般常以厩肥、堆肥、油饼或粪干等有机肥料作基肥。基肥对改进土壤的物理性质有重要的作用。在花卉栽培中，为补充基肥的不足，满足花卉不同生长发育时期对营养成分的需求，常进行追肥。

露地花卉育苗期一般用水溶性复合肥按一定浓度交替施用。栽培到露天后，除施用基肥，生长期追肥多选用复合肥。复合肥的营养元素比例根据花卉生长时期不同而不同，如苗期需要含氮高，而花期含磷钾高。

五、养护管理

(一)中耕除草

中耕的目的是疏松表土，减少水分的蒸发，增加土温，促使土壤内的空气流通及土壤中有益微生物的繁殖活动，促进土壤养分分解。幼苗期、移植后、灌溉后、雨后进行。除草可以保存土壤中的养分及水分，有利于植株的生长发育，它是贯穿露地花卉生长整个过程的一项艰巨的工作，要除早、除小，连根除去，与松土有效结合起来，千万不要等杂草种子成熟了再除。药剂除草因其会破坏环境，在迫不得已清除恶意杂草时使用，目前生产使用最广的除草剂有：草甘膦(杀死所有植物)、百草枯(快速杀死植物的地上部分)、盖草能(杀死禾本科植物)、使他隆(杀死双子叶植物)、二甲四氯(杀死双子叶植物,对空心莲子草有特效)。

(二)整形修剪

整形修剪可使花卉达到枝叶生长均衡、协调丰满,花繁果硕,具有良好的观赏效果。

1.修剪

(1)摘心　摘心是指摘除正在生长中的嫩枝顶端。有些花卉在生长过程中,要进行1～3次的摘心,来促进侧芽萌发、增加花枝数,控制植株高度和调节花期。

(2)抹芽　抹芽是指抹去过多的腋芽或控制脚芽。抹芽可以限制枝数增加或过多花朵的发生,使营养相对集中,花朵充实且大。

(3)折枝捻梢　折枝是指将新梢折曲但仍连而不断。捻梢是指将梢捻转。

(4)曲枝　曲枝是指根据需要(生长、造型等)弯曲或拉直枝条。

(5)去蕾　去除侧蕾留顶蕾,使顶蕾花大,质量好。

(6)修枝　修枝是指剪除病枯枝、细弱枝、过密枝、交叉枝、徒长枝等。有些花卉谢后的枝条需要修剪以促进植株再次开花,延长观赏期。

2.整形

藤本或蔓性的花卉需要为其提供支架,有些高档的木本花卉,如杜鹃、菊花,需要对其进行修剪造型,以期朝我们想要达到的观赏效果发展。

(三)防寒越冬

一般而言,露地花卉适应性较强,除一年生花卉,大部分都能安全越冬,但有一些花卉虽有一定的御寒能力,但不耐低温,冬季应加强防护，以保证其安全过冬。

1. 精心管理

秋末天气转凉，花卉进入生长后期，此时应控制氮肥施用，多施磷钾肥和镁硼锌铁微肥、促根剂等，同时控制浇水量，促进植株生长充实，增强其抗寒能力。进入冬季休眠后，中耕施肥 1 次，以施厩肥、饼肥为主，提高土壤溶液浓度，进一步增强露地花卉的御寒能力。

2. 覆盖

一些宿根花卉露地越冬容易遭受冻害和寒害，一般在寒流来临前，在花卉根际周围地面覆盖树叶、麦秸、稻草或塑料薄膜等材料以保温，次年 4 月上旬晚霜过后将这些覆盖物清除。如珠帘、百香果。

3. 培土

有些花卉在冬季来临时，地上部分全部休眠，只有根须还在缓慢生长，如牡丹、八仙花、木芙蓉等。在花卉根部周围培土，形成一小土丘，春季植株开始发芽，可将培土扒开。

4. 包扎

在寒冬来临前，用草帘、无纺布、塑料薄膜等包扎植株地上部分达到保温防冻之效。对一些耐寒力较强而怕寒风或刚栽种的花卉，可采用设风障的办法，即在花卉的西、北两侧用苇席等材料搭设风障。

5. 灌水

浇封冻水也是防止花卉发生冻害的有效措施。浇冻水在秋末上冻前进行，浇水后结冰可防止土壤透风，有利保墒。同时，因水的热容量比土壤、空气大得多，能缓解冬季气温的剧烈变化，减轻其对花卉根系造成的伤害。浇冻水一般浇透土层以 20～40 cm 为宜。

(四)轮作

轮作就是在同一地块,轮流栽植不同种类的花卉,其循环期在二三年以上。目的是为了最大限度地利用地力和防除病虫害。花卉轮作的益处主要有以下几个方面:

1.防治病、虫、草害

花卉的许多病害如白绢病、根腐病等是土传病害。如将感病的寄主作物与非寄主作物实行轮作,便可消灭或减少这种病菌在土壤中的数量,减轻病害。对危害花卉根部的线虫,轮种不感虫的花卉后,可使其在土壤中的虫卵减少,减轻危害。合理的轮作也是综合防除杂草的重要途径,因不同花卉栽培过程中所运用的不同农业措施,对田间杂草有不同的抑制和防除作用。

2.均衡利用土壤养分

各种花卉从土壤中吸收各种养分的数量和比例各不相同。如禾谷类作物对氮和硅的吸收量较多,而对钙的吸收量较少;豆科作物吸收大量的钙,而吸收硅的数量极少。因此两类作物轮换种植,可保证土壤养分的均衡利用,避免其片面消耗。

3.调节土壤肥力

谷类作物和多年生牧草有庞大根群,可疏松土壤、改善土壤结构;绿肥作物和油料作物,可直接增加土壤有机质来源。

另外,轮种根系伸长深度不同的花卉,深根花卉可以利用由浅根花卉溶脱而向下层移动的养分,并把深层土壤的养分吸收转移上来,残留在根系密集的耕作层。同时轮作可借根瘤菌的固氮作用,补充土壤氮素。

第二节　一二年生花卉生产技术

露地一二年生花卉的共同点是繁殖系数大,生命周期短,成效快,不少种类可自播繁衍;一般植株低矮,枝叶紧密;花期一致,花相好，适宜于花坛、花带等布置；有些品种是低能耗的切花材料；对环境条件要求类似，均可播种繁殖；品种易混杂和退化。不同点是一年生花卉原产于热带和亚热带地区，喜温暖不耐寒，遇霜即死，是典型的春播花卉，从播种到开花需要 2～3 个月，主要品种有矮牵牛、一串红、孔雀草、朱唇、夏堇、千日红等；二年生花卉原产于温带或较寒冷地区，喜冷凉、耐寒性强，不耐炎热，多属秋播花卉，播种到开花需 5～6 个月，典型品种有羽衣甘蓝、紫罗兰、三色堇、角堇、金盏菊、二月兰等。

一、矮牵牛生产技术

(一)主要栽培品种

目前国内应用比较广泛的品种系列有：大花矮牵牛‘旭日’、‘阿拉丁’；中花矮牵牛‘交响乐’、‘经典’；小花矮牵牛‘小甜心’；垂吊矮牵牛‘美声’、‘波浪’、‘雪崩’。

(二)生态习性

矮牵牛性喜温暖和阳光充足的环境。不耐霜冻，怕雨涝，喜疏松、排水良好及微酸性土壤。

(三)繁殖方法

主要为播种、扦插繁殖。

1. 播种

(1)播种时间　根据用花时间而定，如 5 月需花，应在 1 月在温室或大棚内播种。如 10 月用花，需在 7 月初播种。

(2)播种方法　播种基质用进口草炭土与蛭石或珍珠岩 4∶1，pH 5.8～6.2，拌匀、浇水至基质湿度用手捏滴水，一扔又散开的状态。200 穴穴盘点播，播后不覆土，浇透水后小拱盖薄膜。适温 20～26℃，保持土壤湿润。

(3)上盆及管理　当真叶 3～4 片时即可上盆。用草炭土与田园土 1∶1 的混合土壤上盆。10～15 d 施一次水溶性肥料1 000 倍。花苗现蕾,可施用 0.2%磷酸二氢钾 1～2 次。

2. 扦插

花后剪取顶端健壮的嫩枝 10 cm 左右,插入沙床中,保持土壤湿润,气温 20～25℃,半个月生根,30 d 可移栽上盆。

(四)常见病虫害

主要虫害有蚜虫和潜叶蝇;主要病害有灰霉病、茎枯病等。

二、朱唇生产技术

(一)主要栽培品种

朱唇是唇形科鼠尾草属,一年生草本。主要栽培品种有'蜂鸟'和'夏之宝石'。'蜂鸟'株高 35～60 cm,超长的花期,分枝性好,花色亮丽,播种到开花需要 2.5～3 个月(图 3-1)。'夏之宝石'株高 35～50 cm,在整个夏季植株表现出奇优秀,生长旺盛,持续花期(图 3-2)。分枝很好,花穗很多,鲜艳的花朵能招蜂引蝶。比其他品种在长日照条件下生长明显更快。

图 3-1　朱唇'蜂鸟'

图 3-2　朱唇'夏之宝石'

(二)生态习性

朱唇性喜温暖向阳环境,适生温度 15～30℃,宜在肥沃沙壤土中生长,耐热和耐干旱性好。

(三)繁殖方法

1.播种

(1)播种时间　3 月播种。

(2)播种方法　播种基质进口草炭土与蛭石或珍珠岩 4∶1,pH 5.5～5.8。用穴盘点播,播后盖一层 1 cm 厚的蛭石,浇透水后小拱盖薄膜。适温 18～20℃,保持土壤湿润。当 80%种子的子叶顶出土面时,一般 5～7 d,去掉薄膜,喷洒苗菌敌防止猝倒病。

(3)上盆及管理　上盆方法同矮牵牛。保持光照充足和温度 20～26℃,10℃以上,35℃以下能正常生长,当植株长到 6～8 片叶时进行摘心,摘心后留 4～6 片叶,促进分枝。如果株型不够丰满或推迟花期,可进行第二次摘心。每次摘心将推迟花期 10～15 d。谢花后从基部 10 cm 处进行修剪,又可以进行第二次培养,夏天修剪 20～30 d 第二茬花又盛开,且可以多次修剪。地栽养护得好,花期可从 4 月中旬一直到霜降。

2.扦插

剪取朱唇枝条,去掉顶端和基部的叶片,插穗长度 10 cm 左右,插在 105 穴的穴盘内,基质同上盆的配方。7～10 d 生根,20 d 上盆。

(四)常见病虫害

主要虫害有蚜虫、白粉虱、蓟马、斜纹夜蛾、小青虫;主要病害有灰霉病、茎枯病等。

三、三色堇生产技术

(一)主要栽培品种

主要栽培品种大花三色堇'想象力'(图 3-3),株高 15～20 cm,杂交 F1 代种,花柄短粗,花朵直立,春季上市从播种到开花 6.5～7 个月,秋冬上市从播种到开花 2.5～3 个月。中花三色堇'自然'(图 3-4),株高 15～25 cm,为多花三色堇和角堇杂交而成,花量极大、紧凑、强健、花色丰富、雨后冻后恢复快。

图 3-3　大花三色堇'想象力'

图 3-4　中花三色堇'自然'

(二)生态习性

喜冷凉气候,耐寒抗霜,在昼温 15～25℃、夜温 3～5℃的条件下发育良好。喜阳、略耐半阴;喜富含腐殖质、湿润的沙质壤土,忌炎热和雨涝。忌高温和积水,昼温若连续在 30℃以上,则花芽消失,或不形成花瓣;昼温持续 25℃时,只开花不结实,即使结实,种子也发育不良。根系可耐－15℃低温,但低于－5℃叶片受冻边缘变黄。

(三)繁殖方法

1. 播种

(1)播种时间　8 月下旬。

(2)播种方法　播种基质同朱唇，土壤适温 20～22℃，并保持土壤湿润。当 80%种子的子叶顶出土面时，一般 7～14 d，去掉薄膜，喷洒苗菌敌防止猝倒病。以后定期使用杀菌剂，苗期 10～15 d 喷施叶面肥。

(3)上盆及管理　上盆方法同朱唇。生长适温 7～15℃，早期喷施 0.1%尿素，临近花期可增加磷肥，开花前施 3 次稀薄的复合液肥，孕蕾期加施 2 次 0.2%的磷酸二氢钾溶液，开花后可减少施肥。每 2～3 次浇水中间加一次 100～150 mg/L 添加钙的复合肥液。从播种到开花需要 14～16 周时间。

2. 扦插

取植株基部萌生的健壮、无花的枝条作为插穗，3～4 周即可生根。

(四)常见病虫害

主要病害有叶斑病、褐斑病、轮纹病；主要虫害有蚜虫、螨虫、蜗牛、斜纹夜蛾、小青虫。

四、紫罗兰生产技术

(一)主要栽培品种

紫罗兰主要栽培品种为‘和谐’(图 3-5)，株高 15～25 cm，分枝多，重瓣率 50%，花带清香，播种到开花 3～3.5 个月。

(二)生态习性

喜冬暖湿润、夏凉干爽的气候环境。生长适温白天 15～18℃，夜间约 10℃，较耐寒，能耐－5℃的短暂低温，但不耐霜冻。喜光照充足，稍耐半阴，要求疏松、湿润深厚的中性或微酸性壤土。

(三)繁殖方法

以播种繁殖为主。

图 3-5　紫罗兰'和谐'

1.播种时间

8 月下旬。

2.播种方法

播种基质同朱唇。生长适温 15～20℃,保持土壤湿润。

3.上盆及管理

当真叶 3～4 对时即可上盆。用草炭土与田园土 1∶1 的混合土壤上盆。生长适温 7～15℃,到 10 月下旬,植株达 8 片以上真叶时,温度降到 3～15℃,保持 20 d 以上,以促使花芽分化。早期喷施 0.1%尿素,临近花期可增加磷肥,开花前施 3 次稀薄的复合液肥,孕蕾期加施 2 次 0.2%磷酸二氢钾溶液,花后减少施肥。

(四)常见病虫害

主要病害有紫罗兰枯萎病、紫罗兰黄萎病、紫罗兰白锈病及紫罗兰花叶病;主要虫害有蚜虫、小青虫。

五、波斯菊生产技术

(一)生态习性

原产美洲墨西哥,喜光,耐贫瘠土壤,忌肥,忌炎热,忌积水,对夏季高温不适应，不耐寒。需疏松肥沃和排水良好的壤土。

（二）繁殖方法

一般采用播种繁殖。

1.播种时间

3月上中旬或7月中下旬。

2.播种方法

采用露地播种的方法，将播种的地面，翻耕平整除去杂草、石块和其他杂质，贫瘠的土地需要施底肥。按需要的景观形状开好排水沟和留好道路。波斯菊种子施用量2～4 g/m^2，根据土壤条件适当增减数量。将种子与3倍湿沙混匀，将播种的地块划分成几等分，每块地块面积不超过1亩，种子可分两次均匀撒播在地块上。发芽前20 d，保持土壤湿润。

3.栽培管理

播种20 d后，进行除草，施用一次N-P-K为1∶1∶1的复合肥，每亩25 kg。40 d左右，再除一次草。一般播种后2个月开花，3月播种在5月开花，7～8月播种在10月开花，花期2个月左右。

（三）常见病虫害

病害主要有叶斑病和白粉病；虫害有蚜虫、金龟子。

六、百日草生产技术

（一）生长习性

喜光亦耐半阴，喜温暖不耐寒，忌酷暑湿涝，较耐干旱，要求土壤肥沃，排水良好，忌连作。

（二）繁殖方法

一般采用播种繁殖。

1. 播种时间

4 月上旬或 6 月下旬。

2. 播种方法

方法同波斯菊。百日草种子施用量 3～5 g/m^2,根据土壤条件适当增减数量。

3. 栽培管理

同波斯菊。

(三)常见病虫害

主要病害有白粉病、黑斑病。可用 65％代森锌可湿性粉剂 500 倍液,或 75％百菌清可湿性粉剂 500～800 倍液防治。主要虫害有蚜虫和小青虫。

七、二月兰生产技术

(一)生态习性

极耐寒,秋冬以小苗状态越冬,早春天气转暖,即迅速抽出花莛开花。喜光亦耐阴,不耐践踏。

(二)繁殖方法

一般采用播种繁殖。

1. 播种时间

8～10 月播种。

2. 播种方法

方法同波斯菊。

3. 栽培管理

播种 20 d 后种子开始发芽要进行除草。并施一次 N-P-K 为 1∶1∶1 的复合肥,每亩 25 kg。一般播种后 2 个月开花,花期 2 个月左右。有自播繁衍能力。

(三)常见病虫害

主要病害有白粉病、黑斑病。可用65%代森锌可湿性粉剂500倍液,或75%百菌清可湿性粉剂500～800倍液防治。常见害虫有蚜虫、菜青虫、蜗牛、潜叶蝇等。

八、矢车菊生产技术

(一)生态习性

原生于欧洲田野,适应性较强,较耐寒性,喜凉爽而且日照充足的场所,不耐阴湿和炎热。喜肥沃、疏松和排水良好的沙质土壤。

(二)繁殖方法

一般采用播种繁殖。

1. 播种时间

9～10月播种。

2. 播种方法

同波斯菊。

3. 栽培管理

除草、施肥方法同波斯菊。

(三)常见病虫害

主要病害有菌核病、霜霉病。可用70%的托布津可湿性粉剂1 000倍液喷洒植株。常见害虫有蚜虫、菜青虫、蜗牛、潜叶蝇等。

第三节　宿根花卉生产技术

露地宿根花卉是指当地生长条件下能完成其生长发育的多年生花卉,其地下茎和根系形态正常,不发生变态。其特点是一次栽植可多年生长，管理简单；生命力强，抗逆性强，栽培容易；繁殖容易，播种、营养繁殖均可；种类繁多，生态类型多样，耐旱、耐湿、耐阴、喜光品种都有；适合园林中大面积种植。

耐寒性宿根，春秋季均可播种，种子熟后即播为好，要求低温完成休眠的需秋播，如芍药、鸢尾；不耐寒宜春播或种子熟后即播。也可进行扦插或分株繁殖。栽种宿根花卉时应选择排水良好的土地并深翻，施入大量基肥，每年春季出苗前追肥，花后追肥。常见的露地宿根花卉有菊花、玉簪、柳叶马鞭草、鼠尾草、翠芦莉等。

一、菊花生产技术

（一）主要栽培品种

主要栽培品种为秋菊。

（二）生态习性

菊花为短日照植物。喜阳光，忌荫蔽，较耐旱，怕涝。喜温暖湿润气候，但亦能耐寒，严冬季节根茎能在地下越冬。花能经受微霜，但幼苗生长和分枝孕蕾期需较高的气温。最适生长温度为20℃左右。喜地势高燥、土层深厚、富含腐殖质、轻松肥沃而排水良好的沙壤土。在微酸性到中性的土中均能生长，而以 pH 6.2～6.7 较好，忌连作。

（三）繁殖方法

一般采用扦插繁殖。

1. 扦插时间

4～5 月扦插。

2. 扦插方法

扦插容器可用 50 穴穴盘或 9 cm 大小的盆，基质用草炭土加田园土 2∶1 的配比。将配好的基质装入合适的容器，浇透水备用。剪取健康强壮的菊花嫩枝 10 cm 左右，摘去枝条下部分 1～2 片叶，作为插穗。将插穗插入基质，深度为 2～3 cm，浇透水，并且盖薄膜保持湿度，温度 25℃左右，2～3 周长根。

3.上盆管理

扦插苗长根后，留底下 3～4 片叶，摘心。扦插 1～1.5 个月后，当根系能够带动土坨，即可上盆或换盆。容器选用盆径 130 mm 大小的盆，基质配比，草炭土加田园土 4∶1，加适量有机肥。当长到合适大小时再换到 180～220 mm 的盆。

4.肥水管理

在菊花植株定植时，盆中要施足底肥。以后可隔 10 d 施一次氮肥。立秋后自菊花孕蕾到现蕾时，可每周施一次稍浓一些的肥水；含苞待放时，再施一次浓肥水后，即暂停施肥。如果此时能给菊花施一次过磷酸钙或 0.1%磷酸二氢钾溶液，则花可开得更鲜艳一些。

5.摘心与疏蕾

当菊花植株长至 10 cm 高时，即开始摘心。摘心时只留植株基部 4～5 片叶，上部叶片全部摘除。待长出 5～6 片新叶时，再摘心一次，使植株保留 4～7 个主枝，以后长出的枝、芽要及时摘除。立秋前后最后一次摘心时，要对菊花植株进行定型修剪，去掉过多枝、过旺及过弱枝，保留 3～5 个枝即可。9 月现蕾时，要摘去每个枝条下端的花蕾，只留顶端 1 个花蕾。当植株长到 30 cm 左右，需要立支柱防倒伏。

(四)常见病虫害

主要病害有斑枯病、枯萎病、白粉病等。主要的害虫有蚜虫类、蓟马类、斜纹夜蛾、甜菜夜蛾、番茄夜蛾和二点叶螨等。次要的害虫有切根虫、拟尺蠖、斑潜蝇、粉虱、毒蛾、粉介壳虫等。

二、玉簪生产技术

(一)生态习性

玉簪属植物生于海拔 2 200 m 以下的林下、草坡或岩石边。属于典型的阴性植物,喜阴湿环境,受强光照射则叶片变黄,生长不良。喜肥沃、湿润的沙壤土,极耐寒,中国大部分地区均能在露地越冬,地上部分经霜后枯萎,翌春萌发新芽。

(二)繁殖方法

一般采用播种、分株、组织培养繁殖。

1. 播种繁殖

秋季种子成熟后采集晾干,翌春 3～4 月播种。播种苗第一年幼苗生长缓慢,要精心养护,第二年迅速生长,第三年便开始开花。

2. 分株繁殖

春季发芽前或秋季叶片枯黄后,将其挖出,去掉根际的土壤,根据要求用刀将地下茎切开,最好每丛有 2～3 块地下茎和尽量多的保留根系,栽在盆中或露地。这样利于成活,不影响翌年开花。

3. 组织培养

一些带金边、银边、金心、银心等颜色的玉簪属品种多采用植物组织培养的方法进行扩繁,以便稳定叶色,并培育新品种。

(三)栽培技术

玉簪属喜半阴,忌阳光直射,因此选择的种植场所应该是半阴的。在嘉兴地区,玉簪冬季地上部分枯萎,3 月上旬新芽从土里钻出来,每个芽将会发育成一个植株,所以除草时不要伤到芽。春季发芽期和开花前可施氮肥及少量磷肥作追肥,促进叶绿花茂。生长期雨量少的地区要经常浇水,疏松土壤,以利生长。冬季适当控制浇水,停止施肥。

(四)常见病虫害

玉簪属主要病害是叶斑病、白绢病、锈病;主要虫害有蜗牛,注意防治。

三、柳叶马鞭草生产技术

(一)生态习性

柳叶马鞭草原产于南美洲(巴西、阿根廷等地)。性喜温暖气候,生长适温为20～30℃,不耐寒,10℃以下生长较迟缓,在嘉兴地区为宿根,冬季地上部分枯萎,第二年春天萌发。在全日照的环境下生长为佳,如果在日照不足的环境下栽培会生长不良,徒长、不开花。对土壤选择不苛,排水良好即可,耐旱能力强。

(二)繁殖方法

柳叶马鞭草育苗主要采用播种和扦插的方法。

1. 播种

(1)播种时间　9～10月。

(2)播种方法　穴盘点播方法同朱唇。土壤适温20～25℃,保持湿润。当80%种子的子叶顶出土面时,一般1周左右,去掉薄膜,喷洒苗菌敌防止猝倒病。以后定期使用杀菌剂,苗期10～15 d喷施叶面肥。浇水坚持见干见湿的原则,给予充足的光照。

(3)上盆及管理　当真叶5～6片时即可上盆。上盆后要加强水肥管理。当植株长到10 cm以上时,要进行摘心促进分枝,控制植株高度。后期经过多次摘心,保证株形丰满,高度合适。

2. 扦插

(1)扦插时间　3～4月。

(2)扦插方法　扦插基质采用草炭土与田园土2∶1的混合土。容器可选用50穴穴盘或9 cm塑料盆。选取健康粗壮的马鞭草播种苗的嫩枝 10 cm 作为插穗，扦插在基质中，深度 1～2 cm，浇透水后小拱盖薄膜。适温 25℃左右，保持土壤湿润。一般 2 周左右长根，去掉薄膜定期使用杀菌剂，苗期 10～15 d 喷施叶面肥。

(3)上盆及管理　1 个月后即可上盆，或直接种植到大田。摘心和水肥管理同播种繁殖。

(三)常见病虫害

主要病害有白粉病、叶斑病，主要虫害有稻飞虱。

四、翠芦莉生产技术

(一)生态习性

原产于墨西哥，植株抗逆性强，适应性广，对环境条件要求不严。耐旱和耐湿力均较强。喜高温，耐酷暑，生长适温 22～30℃。不择土壤，耐贫瘠力强，耐轻度盐碱土壤。喜光耐半阴。

(二)繁殖方法

一般扦插的方法繁殖。

1. 扦插时间

春、夏(夏季避开高温)、秋均可进行。

2. 扦插方法

扦插基质采用草炭土与田园土 2∶1 的混合土。容器可选用 50 穴穴盘或 9 cm 塑料盆。选取健康粗壮的马鞭草播种苗的嫩枝 10 cm，只保留顶端 2～3 片叶，其余的全部摘除，作为插穗，扦插在基质中，深度 2～3 cm，浇透水后小拱盖薄膜。适温 25℃左右，保持土壤湿润。一般 2～3 周长根，去掉薄膜。浇水坚持见干见湿的原则，给予充足的光照。

(三)上盆及管理

适当摘心和修剪，以控制株高，45 d 后即可上盆或直接种植到大田。

(四)常见病虫害

植株生性强健,病虫害较少发生。偶尔发生根腐病,多见于高温多湿季节。

第四节　球根花卉生产技术

露地球根花卉是指地下器官发生变态,膨大呈球形、块状的露地花卉。常见的春植球根花卉原产热带、亚热带,属不耐寒种类。春天栽植,夏秋开花,霜后休眠,如大丽花、美人蕉、荷花、晚香玉、百合等。秋植球根花卉原产温带、亚寒带,属耐寒性种类。秋季栽植,冬春生长开花,炎夏地上枯黄,如水仙、郁金香、风信子、球根鸢尾等。露地球根花卉大多数喜阳光充足,有些能耐半阴,如水仙,还有些品种如铃兰、部分百合、石蒜、花毛茛等喜半阴。大部分要求土壤排水良好的微酸性土壤。

露地球根花卉可以用分球繁殖、播种或组培的方法进行繁殖。栽植方法有穴栽(球根大或数量少)、沟栽(球根小或数量多)。一般栽植深度为球高的 3 倍,即覆土为球体的 2 倍。因种类、栽植目的、气候土壤条件而不同。球根栽植后生长期不可移植;尽量保护叶片,有利于养分合成。

多数种类在休眠后需采收贮藏,保证安全越冬或越夏,采收后便于分栽和管理。采收时间选在植株生长停止,茎叶枯黄而未脱落时,过早、过晚均不利。花坛每年栽植,保证效果;自然式应用,可数年采收一次。采收后将子球分离、分级、消毒后阴干贮藏。适合干藏的种类应充分翻晒使之干燥,如唐菖蒲、晚香玉;适于堆藏的种类,则使外皮阴干即可,勿过干,如大丽花、美人蕉等。

一、石蒜生产技术

1. 主要栽培品种

石蒜栽培品种主要有'乳白石蒜'、'忽地笑'、'变色石蒜'、'长筒石蒜'、'换锦花'等。

2. 生态习性

生长强健，适应性强，喜阴湿，不择土壤，但喜腐殖质丰富的土壤。

3. 繁殖栽培

一般选择生长了4～5年的植株，于秋季花后进行分球繁殖。选择排水良好的地方栽植，栽植深度以土将球顶部盖没即可。接近休眠期时，应逐渐减少浇水。

4. 常见病虫害

主要病害有细菌性软腐病、炭疽病，主要虫害有斜纹夜蛾、石蒜叶蛾、蓟马、蛴螬。

二、朱顶红生产技术

(一)生态习性

原产巴西，性喜温暖、湿润气候，生长适温为18～25℃，不喜酷热，怕水涝。冬季休眠期，要求冷湿的气候，以10～12℃为宜，不得低于5℃。喜富含腐殖质、排水良好的沙质壤土。pH为5.5～6.5。

(二)繁殖方法

朱顶红采用分球、播种、切割鳞茎和组织培养繁殖均可。以分球繁殖为主。

1. 播种

即采即播，发芽率高。播种土为草炭土2份与1份河沙混合。种子较大，宜点播，间距为 2～3 cm，发芽适宜温度为 15～20℃，10～15 d 出苗，2 片真叶时分苗。播种到开花需要 2～3 年。

2. 分球

老鳞茎每年能产生 2～3 个小子球，将其取下另行栽植即可。注意不要伤害小鳞茎的根，并且使其顶部露出地面，小球约需 2 年开花。或采用人工切球的方法，将母鳞茎纵切成若干份，再在中部分为两半，使其下端各附有部分鳞茎盘为发根部位，然后扦插于泥炭土与沙混合之扦插床内，适当浇水，经 6 周后，鳞片间便可发生 1～2 个小球，并在下部生根。这样一个母鳞茎可得到仔鳞茎近百个。

(三)栽培技术

1. 换盆

朱顶红生长快，经 1 年或 2 年生长，应换上合适大小的花盆。结合换盆、换土同时进行分株、施底肥，分株时剪去败叶、枯根、病虫害根叶，留下旺盛叶片。

2. 防寒越冬

朱顶红在嘉兴地区不耐寒，必须做好越冬管理工作。

(1)鳞茎越冬　10 月上旬挖出鳞茎(注意不要损伤)，剪去上部茎叶，将根土洗净，或日晒或阴干，待鳞茎表皮及剪口处干燥后，放室内干燥处或集中沙藏。

(2)盆栽越冬　原盆带土过冬的，必须放在温室内。盆土必须保持干燥。若土过于潮湿，植株继续生长，就会妨碍其休眠，影响翌年正常开花。冬季湿度大，鳞球内的花芽易腐烂，造成翌年无花。盆栽越冬的植株比干藏越冬的植株抽生花叶早。

(3)露地越冬　长江以南地区可以露地越冬，处理方法简便，于秋末冬初将叶片剪除，鳞球上壅土或覆以稻草，露地越冬的植株翌年长势旺盛。花苞茁壮，但在多雨雪的地区和日照通风条件差的情况下，容易发生腐烂。

(4)幼苗越冬　朱顶红幼苗宜置温室中继续培养，继续浇水施肥，冬季也让它保持活力，这样一开春便可迅速生长。此法可提前获得成年鳞茎。

(四)常见病虫害

主要病害有病毒病、斑点病、线虫病和赤斑病，主要虫害有葱兰夜蛾。

三、郁金香生产技术

(一)生态习性

郁金香大多数原产于地中海沿岸、中亚细亚、土耳其山区及我国新疆等地，不耐夏季炎热气候，但耐寒性极强，冬季鳞茎可耐－35℃的低温。喜向阳或半阴的环境。郁金香适宜栽植于富含腐殖质且排水良好的沙质壤土上，pH 6～7.8 均可正常生长。

(二)繁殖方法

郁金香作为露地花卉栽培，主要是指自然球的栽培。

1.种植时间

11 月中下旬。

2.种植方法

种植前用 500 倍多菌灵液消毒 20～30 min。种植密度株间距 10 cm 左右，行距 15～20 cm，定植时先按行距开沟，沟深为种球高度的 3 倍，然后将种球按预定株距整齐摆放，注意芽头朝上，覆盖泥土，种球顶部距离土面的深度一般为种球高度的 2 倍左右。定植后浇透水。

(三)栽培管理

早春，待嫩叶长出两片后每 2 周追施一次以氮肥为主的叶面肥，如 0.3%尿素。孕蕾期开花前再施一次以磷钾肥为主的叶面肥，如 0.3%磷酸二氢钾以促进花梗挺实花大色艳。注意郁金香种植切忌连作，否则容易引发白绢病和连作障碍。

(四)常见病虫害

常见病害有疫病、基腐病、青霉病、病毒病等，虫害主要有根螨。

第五节 木本花卉生产技术

嘉兴地区常见的木本花卉品种异常丰富，本节以乡土树种杜鹃、桂花、八仙花、月季为例，介绍其主要生产技术。

一、杜鹃生产技术

(一)栽培品种

全世界的杜鹃属物种有900多种，而杜鹃的园艺品种都是由杜鹃原种(*Rhododendron simsii* Planch.)(野生资源)通过杂交或芽变不断选育出来的后代。近一个多世纪来，世界上已有园艺品种近万个。杜鹃花分为“五大”品系：即春鹃品系、夏鹃品系、西鹃品系、东鹃品系和高山杜鹃品系。春鹃是指花期在春天盛开的杜鹃花。东鹃花期春天，嘉兴地区将其纳入春鹃，形成嘉善春鹃。夏鹃品系春天先长枝发叶，5月至6月初时开花，故称夏鹃。西鹃品系因其花朵艳丽是深受人们欢迎的种类。尤其是比利时杜鹃，因它是由欧美杂交的园艺栽培品种，故称西洋鹃，又称西鹃。高山杜鹃品系为杜鹃花科高山常绿灌木或小乔木植物。一般生长在海拔600～800 m的山野间，适应性强，经过人工驯化、培育可望成为园林绿地中常绿观赏植物。

(二)生态习性

杜鹃性喜凉爽、湿润、通风的半阴环境，既怕酷热又怕严寒，生长适温为12～25℃，夏季气温超过35℃，则新梢、新叶生长缓慢，处于半休眠状态。夏季要防晒遮阳，冬季应注意保暖防寒。

忌烈日暴晒，适宜在光照强度不大的散射光下生长，光照过强，嫩叶易被灼伤，新叶老叶焦边，严重时会导致植株死亡。冬季，露地栽培杜鹃要采取措施进行防寒，以保其安全越冬。观赏类的杜鹃中，西鹃抗寒力最弱，气温降至0℃以下容易发生冻害。

(三)繁殖技术

杜鹃的繁殖，可以用扦插、嫁接、压条、分株、播种5种方法，其中以采用扦插法最为普遍，繁殖量最大；压条成苗最快，嫁接繁殖最复杂，只有扦插不易成活的品种才用嫁接，播种主要用培育新品种。嘉兴地区的气候条件，杜鹃主要栽培的品系是毛鹃和春鹃，主要的繁殖方法是扦插和嫁接。

1.扦插

(1)扦插时间　春鹃5月中下旬，西鹃在5月下旬至6月上旬，毛鹃在6月上中旬，夏鹃在6月中下旬，此时枝条老嫩适中，气候温暖湿润。

(2)操作流程　基质采用草炭与稻壳3∶1，拌匀后装入105穴穴盘，浇透水备用。扦插时，选用当年生半木质化发育健壮的枝梢作插穗，带节切取6～10 cm，切口要求平滑整齐，剪除下部叶片和顶梢，只留顶端3～4片小叶。扦插深度为2～3 cm。扦插完成后要喷透水，加盖薄膜保湿，并要适当遮阳，1个月内始终保持扦插基质湿润，毛鹃、春鹃、夏鹃约1个月即可生根，西鹃需60～70 d。

2.嫁接

(1)嫁接时间　5～6月。

(2)砧木接穗选择　砧木品种以毛鹃'玉蝴蝶'、'紫蝴蝶'为主。接穗为春鹃或西鹃。

(3)嫁接方法　采用嫩梢劈接或腹接法。在春鹃或西鹃母株上，剪取5～6 cm长的嫩梢，去掉下部的叶片和顶梢，保留3～4片小叶，基部用刀片削成楔形，削面长0.5～1.0 cm。在毛鹃当年生新梢 2～3 cm 处截断，摘去该部位叶片，纵切 1 cm，插入接穗楔形端，皮层对齐，用塑料薄膜带绑扎接合部。

(4)嫁接管理　置于薄膜密闭的荫棚下，保持棚内湿度。接后 7 d，只要接穗不萎蔫，即有可能成活；1 个月后逐渐通风，直至去掉棚膜，砧木上长出的毛鹃枝条要及时抹除，翌春再解去绑扎带。进入正常管理。

(四)栽培养护

1. 种植

杜鹃适宜在初春或深秋栽种。地点宜选在通风、半阴的地方，土壤要求疏松、肥沃，含丰富的腐殖质，以酸性沙质壤土为宜，并且不宜积水，否则不利于杜鹃正常生长。栽后踏实，浇水。

2. 肥水管理

栽植和换土后浇 1 次透水，使根系与土壤充分接触，以利根部成活生长。生长期注意浇水，从 3 月开始，逐渐加大浇水量，特别是夏季不能缺水，经常保持盆土湿润，但勿积水，9 月以后减少浇水，冬季入室后则应盆土干透再浇。在每年的冬末春初，最好能对杜鹃园施一些有机肥料做基肥。4～5 月杜鹃开花后，由于植株在花期中消耗掉大量养分，随着叶芽萌发，新梢抽长，可每隔 15 d 左右追一次肥。入伏后，枝梢大多已停止生长，此时正值高温季节，生理活动减弱，可以不再追肥。秋后，气候渐趋凉爽，且时有秋雨绵绵，温湿度宜于杜鹃生长，此时可做最后一次追肥，入冬后一般不宜施肥。

3. 修剪整枝

常修剪需剪掉少数病枝、纤弱老枝，结合树冠形态删除一些过密枝条，增加通风透光，有利于植株生长。主要修剪集中在花后，每年 6 月，花芽分化前完成修剪，根据需要的杜鹃造型，进行修剪，及时清理谢掉的花。

4. 花期调控

春鹃正常花期在 3 月中旬至 4 月中旬，若想春节见花，可于 1 月或春节前 20 d 将盆花移至 20℃的温室内向阳处，其他管理正常，春节期间可观花。

5. 常见病虫害

杜鹃的病害主要有根腐病、褐斑病、黑斑病、叶枯病、缺铁黄化病等。杜鹃常见的虫害有：冠网蝽、红蜘蛛、蚜虫、食心虫等。其中冠网蝽危害特别严重，4 月中下旬须开始防治。

二、桂花生产技术

（一）形态特征

桂花是木犀科木犀属的常绿乔木或灌木，高 3～5 m，最高可达 18 m；树皮灰褐色。小枝黄褐色，无毛。叶片革质，椭圆形、长椭圆形或椭圆状披针形。聚伞花序簇生于叶腋，或近于帚状，每腋内有花多朵；苞片宽卵形，质厚无毛；花冠黄白色、淡黄色、黄色或橘红色。花期 9 月至 10 月上旬。

（二）生态习性

桂花适应于亚热带气候地区。性喜温暖，湿润。但抗逆性强，既耐高温，也较耐寒。因此在中国秦岭、淮河以南的地区均可露地越冬。桂花适宜栽植在通风透光的地方，较喜阳光，亦能耐阴，在全光照下其枝叶生长茂盛，开花繁密，在阴处生长枝叶稀疏、花稀少。桂花对土壤的要求不太严，以土层深厚、疏松肥沃、排水良好的微酸性沙质壤土最为适宜。桂花对氯气、二氧化硫、氟化氢等有害气体都有一定的抗性，还有较强的吸滞粉尘的能力，常被用于城市及工矿区。畏淹涝积水，若遇涝渍危害，则根系发黑腐烂，叶片先是叶尖焦枯，随后全叶枯黄脱落，进而导致全株死亡。桂花主要有四大品系：金桂、银桂、丹桂和四季桂。

(三)栽培管理

春季或秋季阴天栽植,选在通风、排水良好且温暖的地方,光照充足或半阴环境均可。移栽要打好土球,以确保成活率。栽植土要求偏酸性,忌碱土。盆栽桂花盆土的配比是腐叶土 2 份、园土 3 份、沙土 3 份、腐熟的饼肥 2 份,将其混合均匀,然后上盆或换盆,可于春季萌芽前进行。

种植前因树而定,根据树姿将大框架定好,将其他萌蘖条、过密枝、徒长枝、交叉枝、病弱枝去除,使通风透光。对树势上强下弱者,可将上部枝条短截 1/3,使整体树势强健,同时在修剪口涂抹愈伤防腐膜保护伤口。

地栽前,树穴内应先掺入草木灰及有机肥料,栽后浇 1 次透水。新枝发出前保持土壤湿润,切勿浇肥水。一般春季施 1 次氮肥,夏季施 1 次磷、钾肥,使花繁叶茂,入冬前施 1 次越冬有机肥,以腐熟的饼肥、厩肥为主。忌浓肥,尤其忌人粪尿。盆栽桂花在北方冬季应入低温温室,在室内注意通风透光,少浇水。4 月,可适当增加水量,生长旺季可浇适量的淡肥水,花开季节肥水可略浓些。

(四)常见病虫害

桂花常见的病害有褐斑病、枯斑病、炭疽病;虫害主要有红蜘蛛。

三、八仙花生产技术

(一)形态特征

八仙花,又名绣球、紫阳花,为虎耳草科八仙花属落叶灌木。株高 30~100 cm,小枝粗壮,皮孔明显。叶大而稍厚,对生,倒卵形,边缘有粗锯齿,叶面鲜绿色,叶背黄绿色,叶柄粗壮。花大型,由许多不孕花组成顶生伞房花序。花色多变,初时白色,渐转蓝色或粉红色。

(二)生态习性

八仙花原产中国和日本。喜温暖、湿润和半阴环境。八仙花的生长适温为18～28℃,冬季温度不低于5℃。花芽分化需在5～7℃条件下6～8周,20℃温度可促进开花,见花后维持16℃,能延长观花期。但高温使花朵褪色快。土壤以疏松、肥沃和排水良好的沙质壤土为好。但土壤pH的变化,使八仙花的花色变化较大。为了加深蓝色,可在花蕾形成期施用硫酸铝。为保持粉红色,可在土壤中施用石灰。

(三)繁殖方法

常用扦插和分株的方法。

1. 扦插繁殖

在梅雨季节进行。剪取顶端嫩枝,长20 cm左右,摘去下部叶片,扦插适温为13～18℃,插后15 d生根。

2. 分株繁殖

宜在早春萌芽前进行。将已生根的枝条与母株分离,直接盆栽,浇水不宜过多,在半阴处养护,待萌发新芽后再转入正常养护。

(四)栽培管理

1. 修剪

一般可从幼苗成活后,长至10～15 cm高时,即作摘心处理,使下部腋芽能萌发。然后选萌好后的4个中上部新枝,将下部的腋芽全部摘除。新枝长至8～10 cm时,再进行第二次摘心。八仙花一般在两年生的壮枝上开花,开花后应将老枝剪短,保留2～3个芽即可,以限制植株长得过高,并促生新梢。秋后剪去新梢顶部,使枝条停止生长,以利越冬。经过这样的修剪,植株的株型就比较优美,大大加强了观赏价值。

2. 施肥

上盆、换盆或移栽前在土壤中加入适当的有机肥,生长期间,一般每 15 d 施一次复合肥，孕蕾期增施 1～2 次磷酸二氢钾，能使花大色艳。

3. 换盆

一般每年要翻盆换土一次。翻盆换土在 3 月上旬进行为宜。新土中用 4 份草炭、4 份园土和 2 份沙土比例配制。

(五)常见病虫害

主要有萎蔫病、白粉病和叶斑病，可用 65%代森锌可湿性粉剂 600 倍液喷洒防治。虫害有蚜虫和盲蝽危害，可用 40%氧化乐果乳油 1 500 倍液喷杀。

四、月季生产技术

(一)栽培品系

月季原产中国，我国月季的育种和栽培历史非常悠久。但现代月季的育种很多工作是由欧洲人完成的。现代月季大致分为杂种香水月季、丰花月季、壮花月季、杂种长春月季、微型月季、藤本月季六大品系。

(二)生态习性

月季花对气候、土壤要求虽不严格，但以疏松、肥沃、富含有机质、微酸性、排水良好的壤土较为适宜。性喜温暖、日照充足、空气流通的环境。大多数品种最适温度白天为 15～26℃，晚上为 10～15℃。冬季气温低于 5℃即进入休眠。有的品种能耐－15℃的低温和耐 35℃的高温；夏季温度持续 30℃以上时，即进入半休眠，植株生长不良，虽也能孕蕾，但花小瓣少，色暗淡而无光泽，失去观赏价值。

(三)繁殖技术

月季的繁殖方法有嫁接、扦插、组织培养、播种和分株。实际生产中应用最多是扦插和嫁接。组织培养多在新品种繁育的初期使用，播种法仅在培育新品种和培育实生苗砧木时使用。

1. 扦插繁殖

主要分为嫩枝扦插和硬枝扦插。扦插基质可用素沙、蛭石和珍珠岩。嫩枝扦插在 5～6 月进行，剪取半木质化枝条，每 3 芽为一段，保留插条顶部 2 片小叶，浇透水，扣塑料小拱棚保湿，用遮阳网遮阳。保持湿润和 25℃左右，插后 25 d 左右，视生根情况逐步去掉遮阳网，并适度增加通风，插后约 35 d 即可除掉小拱棚。硬枝扦插月季落叶后进入休眠期进行，扦插管理同嫩枝扦插。

2. 嫁接繁殖

嫁接常用野蔷薇、粉团蔷薇、白玉堂蔷薇作砧木，砧木直径一般以 0.65～2.5 cm 为宜。分芽接和枝接两种。芽接成活率较高，一般于 7～9 月进行，嫁接部位要尽量靠近地面，具体方法是：在砧木茎枝的一侧用芽接刀于皮部做“T”形切口，然后从月季的当年生长发育良好的枝条中部选取接芽。将接芽插入“T”形切口后，使形成层对齐，用塑料袋扎缚，并适当遮阳，这样经过 2 周左右即可愈合。

(四)栽培管理

1. 土壤条件

露地栽培地选择地势较高，阳光充足，每天至少有 6 h 以上的光照，空气流通，排水良好、土壤微酸性。栽培时深翻土地，并施入有机肥料做基肥，必要时在土壤中添加腐叶土、砻糠灰等来改良土壤。

2. 株行距

露地栽月季，根系发达，生长迅速，应根据需要和苗大小考虑种植密度，一般栽培密度：直立品种为 75 cm×75 cm，扩张性品种株行距为 100 cm×100 cm，纵生性品种株行距为 40 cm×50 cm，藤木品种株行距为 200 cm×200 cm。

3.肥水管理

月季花怕水淹，水大易烂根。在生长旺季及花期需增加浇水量，夏季高温，水的蒸发量加大，植物处于虚弱半休眠状态，最忌干燥脱水，每天早晚各浇一次水，避免阳光暴晒。高温时浇水，每次浇水应有少量水从盆底渗出，说明已浇透，浇水时不要将水溅在叶上，防止病害。月季花要勤施肥，在生长季节，要 10 d 浇 1 次淡肥水。不论使用哪一种肥料，切记不要过量，防止出现肥害，伤害花苗。但是，冬天休眠期不可施肥。基肥以迟效性的有机肥为主，如腐肥的牛粪、鸡粪、豆饼、油渣等。每半月加液肥水 1 次，能常保叶片肥厚，深绿有光泽。

4.修剪

花后要剪掉干枯的花蕾。当月季花初现花蕾时，挑选一个形状好的花蕾留下，其余的一律剪去。目的是每一个枝条只留一个花蕾，使花开得饱满艳丽，花朵大而且香味浓郁。每季开完一期花后必须进行全面修剪。一般宜轻度修剪，及时剪去开放的残花和细弱、交叉、重叠的枝条，留粗壮、年轻枝条，从基部起只留 3～6 cm，留外侧芽，修剪成自然开心形，使株形美观，延长花期。

夏季修剪主要是剪除嫁接砧木的萌蘖枝花，花后带叶剪除残花和疏去多余的花蕾，减少养料消耗为下期开花创造好的条件。为使株型美观，对长枝可剪去 1/3 或 1/2，中枝剪去 1/3，在叶片上方 1 cm 处斜剪，若修剪过轻，植株会越长越高，枝条越长越细，花也越开越小。冬季修剪随品种和栽培目的而定，修时要留枝条，并要注意植株整体形态，大花品种宜留 4～6 枝，长 30～45 cm 选一侧生壮芽，剪去其上部枝条，蔓生或藤本品种则以疏去老枝，剪除弱枝、病枝和培育主干为主。

(五)常见病虫害

主要病害有叶斑病、锈病、白粉病；主要虫害有蚜虫、刺蛾、介壳虫、朱砂叶螨、钻心虫等。

第六节　藤本花卉生产技术

藤本植物分布很广，大部分的藤本植物都具有发达的根系和较强的萌蘖力，根据它们本身的生物学特性，进行分株法繁殖，春秋两季均可进行，秋季10月至11月中旬为宜，春季3月下旬至5月上旬，植株开始生长时尤为适宜。分株繁殖方法成活率高，可由一个单独植物体扩繁出5～10倍的植株体，增殖率高，是简单易行的繁殖方法。在垂直绿化中常用的藤本植物，有的用吸盘或卷须攀缘而上，有的垂挂覆地，用长的枝和蔓茎，美丽的枝叶和花朵组成景观。许多藤本植物除观叶外还可以观花，有的藤本植物还散发芳香，有些藤本植物的根、茎、叶、花、果实等还可以提供药材、香料等。利用藤本植物发展垂直绿化，可提高绿化质量，改善和保护环境，创造景观、生态、经济三相宜的园林绿化效果。本节主要介绍凌霄、紫藤、金银花、何首乌的生产技术。

一、凌霄生产技术

(一)形态特征

凌霄，别名紫葳、五爪龙，紫葳科凌霄属落叶攀缘藤本，茎木质，表皮脱落，枯褐色，以气生根攀附于它物之上。叶对生，为奇数羽状复叶顶生疏散的短圆锥花序。花萼钟状，花冠内面鲜红色，外面橙黄色。雄蕊着生于花冠筒近基部，花丝线形，细长。花药黄色，“个”字形着生。花柱线形，柱头扁平。蒴果顶端钝。花期5～8月。

(二)生态习性

喜充足阳光，也耐半阴。适应性较强，耐寒、耐旱、耐瘠薄，病虫害较少，但不适宜在暴晒或无阳光下。以排水良好、疏松的中性土壤为宜，忌酸性土，忌积涝、湿热，一般不需要多浇水。凌霄要求土壤肥沃、排水好的沙土。不要施肥过多，否则影响开花。较耐水湿，并有一定的耐盐碱性能力。

(三)繁殖方法

凌霄可采用扦插、压条和分株的繁殖方法。

1. 扦插

嫩枝扦插，在5～6月，剪取健康粗壮的半木质化枝条10 cm左右，扦插在草炭土：田园土1∶1的穴盘或容器中，浇透水盖膜保持湿度，温度23～28℃，插后20 d左右生根。硬枝扦插，在深秋落叶后，剪取坚实粗壮的枝条扦于湿沙中保存，来年早春扦于基质中。

2. 压条

在春季将粗壮的藤蔓拉到地表，分段用土堆埋，露出芽头，保持土湿润，50 d左右即可生根，生根后剪下移栽。

(四)栽培技术

春秋种植，早期管理要注意浇水，后期管理可粗放些。种植在廊架边上，株间距80～100 cm，植株长到一定长度，要设立支杆，根据廊架或棚架高低，留主枝去除侧枝，绑扎，未爬上架顶前每年要对主枝进行修剪。如果是覆盖墙体攀爬，可不去侧枝，适当立支柱靠近墙面，凌霄枝条上会长出气生根，贴墙爬上去。覆盖每年发芽前可进行适当疏剪，去掉枯枝和过密枝，使树形合理，利于生长。开花之前施一些复合肥、堆肥，并进行适当灌溉，使植株生长旺盛、开花茂密。

(五)常见病虫害

主要病害有灰斑病、白粉病、根结线虫病；主要虫害有霜天蛾、大蓑蛾、蚜虫等。

二、紫藤生产技术

(一)形态特征

紫藤,别名藤萝、朱藤、黄环。属豆科紫藤属,落叶攀缘缠绕性大藤本植物。干皮深灰色,不裂;嫩枝暗黄绿色密被柔毛,冬芽扁卵形。奇数羽状复叶互生,卵状椭圆形。侧生总状花序,呈下垂状,春季开花,青紫色蝶形花冠,花紫色或深紫色,十分美丽。

(二)生态习性

耐寒、喜光,较耐阴,有一定抗旱能力,耐水湿,但怕长期积水。对土壤要求不严,但以疏松、肥沃、深厚的沙质壤土中生长最好。

(三)繁殖方法

紫藤繁殖容易,可用播种、扦插、压条、分株、嫁接等方法,主要用播种、扦插,但因实生苗培养所需时间长,所以应用最多的是扦插。

1. 扦插

扦插繁殖一般采用硬枝插条。3 月中下旬枝条萌芽前,选取 1～2 年生的粗壮枝条,剪成 15 cm 左右长的插穗,插入事先准备好的苗床,扦插深度为插穗长度的 2/3。插后喷水,加强养护,保持苗床湿润,成活率很高,当年株高可达 20～50 cm,两年后可出圃。

插根是利用紫藤根上容易产生不定芽。3 月中下旬挖取 0.5～2.0 cm 粗的根系,剪成 10～12 cm 长的插穗,插入苗床,扦插深度保持插穗的上切口与地面相平。其他管理措施同枝插。

2. 播种

播种繁殖是在 3 月进行。11 月采收种子,去掉荚果皮,晒干装袋贮藏。播前用热水浸种,待开水温度降至 30℃左右时,捞出种子并在冷水中淘洗片刻，然后保湿堆放一昼夜后便可播种。或将种子用湿沙贮藏，播前用清水浸泡 1～2 d。

3. 压条、分株、嫁接

均在 3 月中下旬进行。

(四)栽培技术

1. 定植

多于早春定植，定植前须先搭架，并将粗枝分别系在架上，使其沿架攀缘，由于紫藤寿命长，枝粗叶茂，制架材料必须坚实耐久。

2. 土壤

紫藤主根长，所以种植的地方需要土层深厚。耐贫瘠，肥沃的土壤更有利生长。紫藤对土壤的酸碱度适应性也强。应选择土层深厚、土壤肥沃且排水良好的高燥处，过度潮湿易烂根。

3. 浇水

紫藤的主根很深，所以有较强的耐旱能力，喜欢湿润的土壤，忌使根泡在水里，防止烂根。

4. 施肥

紫藤在一年中施 2～3 次复合肥就基本可以满足需要。萌芽前可施氮肥、过磷酸钙等。生长期间追肥 2～3 次，用腐熟人粪尿即可。

5. 修剪

修剪时间宜在休眠期，修剪时可通过去密留稀和人工牵引使枝条分布均匀。为了促使花繁叶茂，还应根据其生活习性进行合理修剪，因紫藤发枝能力强，花芽着生在一年生枝的基部叶腋，生长枝顶端易干枯，因此要对当年生的新枝进行回缩，剪去 1/3～1/2，并将细弱枝、枯枝在分枝基部剪除。

(五)常见病虫害

主要病害有软腐病、叶斑病、紫藤脉花叶病;主要虫害有介壳虫、白粉虱、蜗牛、蚜虫。

三、金银花生产技术

(一)形态特征

金银花,又名忍冬、金银藤、鸳鸯藤,是忍冬科忍冬属的多年生半常绿缠绕藤本。小枝中空,皮棕褐色,条状剥落,幼时密被短柔毛。单叶对生,纸质,卵形或椭圆状卵形,先端短渐尖至钝,基部圆形至近心形,全缘。花成对腋生,花冠唇形,花冠筒细长,初开白色,略带紫晕,后变黄色,芳香。浆果黑色,有光泽,球形。花期 5～7 月,果期 8～9 月。

(二)生态习性

金银花适应性很强,喜光稍耐半阴,耐寒、耐旱,对土壤要求不严,以湿润、肥沃、深厚沙质壤上生长最佳,每年春夏两次发梢。根系发达,萌蘖性强,茎蔓着地即能生。

(三)繁殖方法

播种、扦插、压条、分株繁殖均可。

1. 播种

播种在 10 月采种,贮藏至次年春播。

2. 扦插

可在春夏进行,选健壮无病虫害的 1～2 年生枝条截成 30～35 cm,摘去下部叶子作插条,随剪随用。在选好的土地上,按行距 1.6 m、株距 1.5 m 挖穴,穴深 16～18 cm,每穴 5～6 根插条,分散斜立着埋土内,地上露出 7～10 cm,填土压实(以透气透水性好的沙质土为佳)。扦插的枝条生根之前应注意遮阴,避免阳光直晒造成枝条干枯。栽后喷一遍水，以后干旱时，每隔 2 d 要浇水 1 遍，半个月左右即能生根，第 2 年春季或秋季移栽。

3. 压条

在春秋均可进行，保持土壤湿润，容易生根。

4. 分株

可在春秋进行。

(四)栽培技术

1. 移植、定植

宜在春季。

2. 整形修剪

剪枝在秋季落叶后到春季发芽前进行，一般是旺枝轻剪，弱枝强剪，枝枝都剪。剪枝时要注意新枝长出后要有利通风透光。对细弱枝、枯老枝、基生枝等全部剪掉，对肥水条件差的地块剪枝要重些，株龄老化的剪去老枝，促发新枝。幼龄植株以培养株型为主，要轻剪，山岭地块栽植的一般留 4～5 个主干枝，平原地块要留 1～2 个主干枝，主干要剪去顶梢，使其增粗直立。

整形是结合剪枝进行的，原则上是以肥水管理为基础，整体促进，充分利用空间，增加枝叶量，使株型更加合理，并且能明显地增花高产。剪枝后的开花时间相对集中，便于采收加工，一般剪后能使枝条直立，去掉细弱枝与基生枝有利于新花的形成。摘花后再剪，剪后追施 1 次速效氮肥，浇 1 次水，促使下茬花早发，这样一年可收 4 次花，平均每 667 m^2 可产干花 150～200 kg。

(五)常见病虫害

主要病害有褐斑病、白粉病、炭疽病；主要虫害有蚜虫、尺蠖、天牛。

四、何首乌生产技术

(一)形态特征

何首乌,又名多花蓼、紫乌藤、九真藤等。是蓼科何首乌属多年生缠绕藤本植物,块根肥厚,长椭圆形,黑褐色。叶卵形或长卵形,顶端渐尖,基部心形或近心形,两面粗糙,边缘全缘;花序圆锥状,顶生或腋生,白色或淡绿色;瘦果卵形,黑褐色、有光泽。花期8～9月,果期9～10月。

(二)生态习性

何首乌喜半阴环境,耐寒,对土壤要求不严。

(三)繁殖方法

可采用播种、扦插、分株的方法。以扦插为主。

1.播种

直播为主,也可育苗移栽。3月上旬至4月上旬播种,条播行距30～35 cm,施人畜粪水后将种子均匀播入沟中,覆土3 cm。苗高5 cm时间苗,株距30 cm左右。

2.扦插

3月上旬至4月上旬选生长旺盛、健壮无病虫植株的茎藤,剪成长15 cm左右的插条,每根应具节3个左右。行距30～35 cm,株距30 cm左右,穴深20 cm左右,每穴放2～3条,切忌倒插,覆土压紧。也可扦插在穴盘或花盆内生产繁殖。

3.分株

于秋季刨收块根时或春季萌芽前刨出根际周围的萌蘖,选有芽眼的茎蔓和须根生长良好的植株,按行距30～35 cm、株距25～30 cm挖穴栽种。

(四)栽培技术

保持田间湿润,生长期应注意除草;苗高30 cm左右时,插设支架，使茎蔓缠绕向上生长，并及时疏叶整枝，促进植株旺盛生长。何首乌喜肥，除施足底肥外，幼苗期注意薄肥勤施，以利幼苗生长。生长旺期，适当施复合肥。

(五)常见病虫害

主要病害有叶斑病和根腐病。虫害主要有蚜虫、红蜘蛛和地老虎。

第四章 盆栽花卉生产技术

盆栽花卉是指栽培在花盆、花缸等容器内供观赏应用的花卉。包括草本花卉和木本花卉。盆栽花卉一般具有以下特点：①株丛紧密圆整，枝叶覆盖盆面，生长茁壮，无病虫害；②开花整齐，花期长，观赏价值高；③枝叶秀丽、果实优美；④对环境适应能力强，养护管理省工。我国自古以来花卉就是以庭院栽培和盆栽观赏为主，盆花不但可以以个体美丽显现身姿，也可以通过群体排列，人为有机组合，体现其艺术性，其优点是花期长，无需频繁更换或人工保鲜。

第一节　盆栽花卉基本知识

一、产品标准划分

盆花产品标准的划分，采用规格等级和形质等级相结合的分级方法。

(一)规格等级

以所规定的花盖度、株高、冠幅/株高、株高/花盆、叶片或花朵等数量指标进行分级。

(二)形质等级

根据盆花产品的整体效果、花部状况、茎叶状况、病虫害或破损四个指标进行分。

二、盆栽花卉分类

盆栽花卉的种类,按照高度、形态和对环境条件的要求进行分类。

(一)依据高度分类

(1)特大盆花 200 cm 以上,适合高大建筑物开阔厅堂的装饰。

(2)大型盆花 130～200 cm,适合于宾馆迎宾堂的装饰。

(3)中型盆花 50～130 cm,适合于楼梯、房角及门窗两侧的装饰。

(4)小型盆花 20～50 cm,适合于房间花架及花台的装饰。

(5)特小型盆花 20 cm 以下,适合于案头装饰。

(二)依据形态分类

(1)直立型 植物向上伸展,大多数盆花属于此类,是室内装饰的主题材料。

(2)匍匐型 植株向四周匍匐生长,有的种类在节间处着生地生根,是垂直观赏的好材料。

(3)攀缘型 植株具有攀缘性或缠绕性,可借助他物向上攀升,可美化墙面、阳台等处,或以各种造型营造艺术氛围。

(三)依据环境条件分类

(1)喜阳型 要求有光照充足的环境,对光照要求高,若用于室内观赏可供观赏 7～10 d,定期要放置于露天养护。

(2)中性型 要求室内有明亮的散射光,可摆放 20～30 d,休眠期也可继续摆放于室内,在偏阴的地方也能生长。

(3)喜阴型　需要稍微荫蔽一些的环境,长时间的荫蔽环境对其生长影响不大,主要以一些观叶的蕨类植物为主。

第二节　栽培基质与盆栽技术流程

一、栽培基质的配制

栽培基质即培养土,是一种人工配制的土壤替代物,为园艺植物的生长发育提供比土壤更及时、更充分全面的水分和养分,并对整个植株起到支撑作用,是盆花生长发育的基础。由于种植容器对植株造成的有限性,基质的优劣直接影响着盆花的生长和品质状况。

(一)栽培基质的特性

1.保水性和通气性

基质必须能够给植物根系足够的水分和空气,适宜的栽培基质能够维持孔隙的平衡,满足植物根系的生长。如果基质孔隙度过大,则水分向下径流的通道就形成,结果使盆花中的基质变干,抑制植物生长,而且容易造成盐分在基质中累积。

2.阳离子交换量(CEC)

说明基质电荷变化的强度以及基质吸附阳离子的能力,CEC越大,基质吸附阳离子越多。

3.酸碱度(pH)

是衡量基质水溶液中氢离子浓度的指标,强烈影响供给植物根系养分的能力,无土基质 pH 为 5.4～6.0,与土壤混合的基质 pH 为 6.2～6.8,基质的 pH 随施肥时间长短、水分改变而发生变化。

4. 稳定性

基质的特性从上盆到花卉上市期间，一直都发生变化，基质在上盆时，其特性有利于花卉生长，但在生产和上市阶段，其物性逐渐不利于花卉生长，不稳定的主要原因是生物降解，不同的基质生物降解的速度不同，基质特性改变也慢。

5. 容重

也称密度，指基质干重与其体积之比。对大多数花卉来说，低容重的基质（0.1～0.8 g/cm^3），能够减轻工人劳动强度以及运输成本。

6. 碳氮比（C/N）

由于微生物的作用，基质中的有机质成分将发生降解，在降解过程中，N 素被微生物吸收，如果大量有机质在短期内分解，基质中的 N 素被耗尽，造成植物 N 素贫乏。C∶N 最佳比例为 30∶1。

7. 栽培基质的主要成分

栽培基质是按照各种栽培对象的生物学特性与生态习性要求而人工配制的混合基质，在保证具备优良理化性质和丰富营养的前提下，选择不同的成分进行组合，常用的主要基质成分见表 4-1。

表 4-1　常用的主要基质及成分

序号	名称	性质及用途
1	泥炭	长久堆埋在地下的植物残体经过腐烂分解而成。由于形成的阶段不同，分为褐泥炭和黑泥炭两种。褐泥炭含有丰富的有机质，呈酸性反应；黑泥炭含有较多的矿物质，有机质较少，呈微酸性或中性反应
2	树皮	为木材加工业的副产品，经过发酵腐熟及脱脂处理，常作为兰科植物的栽培基质
3	椰糠	是加工椰壳的副产品，不含杂草种子和病原菌，使用成本高

续表 4-1

序号	名称	性质及用途
4	田园土	取自菜园、果园等地表层的土壤。含有一定腐殖质，并有较好的物理性状，常作为多数培养土的基本材料
5	沙土	多取自河滩。排水性能好，但无肥力，多用于掺入其他培养材料中以利排水
6	山泥	分黑山泥和黄山泥两种。是由山间树木落叶长期堆积而成。黑山泥酸性，含腐殖质较多；黄山泥亦为酸性，含腐殖质较少
7	砻糠灰	是由稻谷壳燃烧后而成的灰，略偏碱性，含钾元素，排水透气性好
8	厩肥土	由动物粪便、落叶等物掺入园土、污水等堆积沤制而成，具有较丰富的肥力
9	蛭石	由一定的花岗岩水合时产生，在高温作用下会膨胀的矿物，具有离子交换功能，对土壤的营养有极大的作用
10	珍珠岩	一种火山喷发的酸性熔岩，经急剧冷却而成的玻璃质岩石，适宜无土栽培高档花木和无公害经济植物，是生态园艺栽培的上好植料
11	蘑菇泥	部分地区生产蘑菇后产生的种植料，具有较高的疏松性，但含有一定的病虫害，需要进行消毒处理后使用

(二)栽培基质的配制原则

培养土的配制原则要讲究稳定性、通透性和酸碱适当，能满足花卉生长发育的需要，配制好的基质应含有丰富的养料，具有良好排水和透气性，能保湿保肥，干不龟裂，湿不黏结，可以将2种或3种按一定比例混合，并根据需要放入基肥，基肥的氮、磷、钾比例一般是4∶1∶3。

二、栽培基质的测定

培养土的测定，主要是测定其酸碱度，土壤酸碱度，又称‘土壤反应’，是指土壤溶液的酸碱反应，以 pH 表示，pH＝7 为中性，pH＜7 为酸性反应，pH＞7 为碱性反应。每种花卉对培养土的酸碱度要求都不一样，合适的酸碱度才能为花卉提供最佳土壤，如果土壤过酸或过碱均需加以改良。

测定培养土酸碱度最简单的方法是购买一支 pH 测试计，将最尖端插入土中，pH 计上显示的数字就是土壤的酸碱性反应。

三、栽培基质的消毒

基质消毒是花卉生产中防治病原微生物、害虫及杂草种子，提高产品品质的重要管理措施之一，常用的培养土用三种消毒方法：

1. 烈日暴晒法

将培养土放在烈日下暴晒 2～3 d(保持地温 60℃)，可杀死病菌与虫卵。

2. 福尔马林消毒法

每立方米培养土用 40％福尔马林 50 倍液 400～500 mL 喷洒，翻拌均匀堆叠，密闭熏蒸 48 h。

3. 高锰酸钾消毒法

用 0.1％～0.5％高锰酸钾溶液浇透培养土，用薄膜闷盖 2～3 d，可杀死土中病菌。

四、上盆、换盆操作流程

1. 上盆、换盆时间

各类花卉盆栽过程均应换盆或翻盆。如一二年生草花从小苗至成苗应换盆 2～3 次，宿根、球根花卉成苗后 1 年换盆 1 次，木本花卉小苗每年换盆1次，木本花卉大苗2～3年换盆或翻盆1次。

换盆或翻盆的时间多在春季进行。多年生花卉和木本花卉也可在秋冬停止生长时进行；观叶植物宜在空气湿度较大的春夏间进行；观花花卉除花期外不宜换盆，其他时间均可进行。换盆时需加入一些培养土或加施基肥，老植株需修整根系。

2. 上盆

在盆花栽培中，将花苗从苗床或育苗器皿中取出移入花盆中的过程称上盆。上盆时要做到：一是花盆大小要适当，做到小苗栽小盆，大苗栽大盆。小苗栽大盆既浪费土又造成"老小苗"；二是因花卉种类不同而选用合适的花盆，根系深的花卉要用深筒花盆，不耐水湿的花卉用大水孔的花盆；三是新盆要"退火"，新使用的瓦盆先浸水，让盆壁气孔充分吸水后再上盆栽苗，如不"退火"往往使花卉根系被倒吸水分而使花苗萎蔫死亡；四是旧盆要洗净，旧盆重新用时应洗净晒干再用，以减少病虫的侵染。

上盆的过程：盆底平垫瓦片，下铺1层粗粒河沙，以利透水，再加入培养土，栽苗立中央，墩实，盆土加至离盆口5 cm处，留出浇水空间。栽苗后用喷壶洒水或浸盆法供水。栽大苗时常要喷水2次，以使干土吸足水分。

3. 换盆与翻盆

花苗在花盆中生长了一段时间以后，植株长大，需将花苗脱出换栽入较大的花盆中，这个过程称换盆。花苗植株虽未长大，但因盆土板结、养分不足等原因，需将花苗脱出修整根系，重换培养土，增施基肥，再栽回原盆(或同样大小的新盆)，这个过程称翻盆。

4. 转盆

在光线强弱不均的花场或日光温室中盆栽花卉时，因花苗向光性的作用而偏方向生长，以至生长不良或降低观赏效果。所以在这些场所盆栽花卉时应经常转动花盆的方位，这个过程称转盆。有些花卉（仙客来、瓜叶菊、杜鹃花、茶花）如果不经常转盆，就会出现枯叶、偏头甚至死苗现象。

五、花盆的选择

花盆种类繁多，形状各异，应根据花木的株形、植株幅度大小、根系多少等选用合适的花盆。花盆过大，对植物根系的呼吸不利，花盆过小，影响植物根系的发育。就花盆的质地材料来说，大致有以下几种：

1. 瓦盆（泥盆）

又称素烧盆，质地粗糙、价格便宜、使用方便，渗水及透气性能好，是使用最多的一种，最适于家庭盆花栽培。

2. 瓷盆

即瓷质上釉之盆，制作精致，色泽鲜亮，作为陈列、展览、装饰用的套盆，十分雅致。

3. 紫砂盆

又称陶盆，普通为紫色，色泽文雅，具古玩美感，其透气性能较好，常用来栽培名贵的花木和栽种桩盆，兼有装饰作用。

4. 釉陶盆

在素陶的表面加上一层具有色彩的釉，制作更为精致，但透气、透水性较差，一般适于种植耐湿植物。

5. 塑料盆

造型优美，质地轻，色彩艳丽，不易破碎，适宜栽种观赏植物。

6. 水盆

指盆底没有排水孔，用以贮水的盆，最适培育水仙、碗莲等水生植物和陈设山水盆景。

7. 木桶或木箱

大多是临时根据需要制作安装的，一般用来种植常绿盆栽，作布置会场及花展时用，排水、透气性能，但易朽烂。

第三节　盆花的养护管理

一、影响盆花生长的外部环境条件

花卉的生长发育除受本身的遗传特性影响外，还取决于外界环境条件，因此，适宜的温度、光照、水分等因素是提高花卉品质和产量的重要先决条件。

1. 温度

主要影响植物的花芽分花和花期长短。植物对温度的适应性表现在植物"三基点"温度，即最高温度、最适温度和最低温度，花卉的原产地不同，其温度的"三基点"也不同。原产于寒带地区的花卉，其生长的基点温度较低，一般在 5℃就可以开始生长；原产于温带地区的花卉，一般约在 10℃开始生长；而原产于热带地区的花卉，则对生长的温度有较高的要求，一般要求在 15～16℃开始生长，如蝴蝶兰等。

温度对花期长短的影响表现在：温度越高，花芽分花越快，植物开花也快，但花期短；温度越低，花芽分化越慢，花期延长，但过度低温易使花卉受冻。

2. 光照

通过光照强度和光照长度来控制花卉的品质。光照的强弱影响植物的花色，一般光照弱时，花色暗淡，植株容易徒长，光照强时，花色鲜艳，但过强的光照易导致植物灼伤。根据植物对光照强度的要求，可将植物分为阳性植物、中性植物和阴性植物。光照长度是植物对黑夜长短的反应，能调控植物的多种生理反应，根据植物对光照长度的要求，将植物划分为长日照植物、中日照植物和短日照植物。

3. 水分

水是维持植物正常生长发育的重要环境条件。浇灌花卉时，要重点考虑的是水质对其植物生长的影响，一般有两个重要指标:盐分含量和酸碱度。盐分含量(电导率，EC)是衡量水分中可溶性盐水平的指标，盐含量过高，导致盐分在土壤中的积累，引起植物萎蔫。酸碱度(pH)过高过低都影响植物根系对水分的吸收。

4. 养分

合理施用营养物质是促进盆花生长发育，提高其品质的物质基础。根据植物对营养元素的需求，划分为大量元素和微量元素。

大量元素也称肥料三大元素，即氮、磷、钾，植物生长各个时期，对氮、钾的需求各不相同，营养生长时期(根、茎、叶生长期)需要较多的氮，而生殖生长期(花、果、种子生长期)需要较多的磷、钾肥。

微量元素有钙、镁、硫、铁、锰、锌、铜、硼、钼、镍和氯等，每种微量元素都有其作用，虽需求量没有大量元素那么大，但其中一个元素的缺失，都会影响植物的生长。

二、盆花日常养护措施

1. 浇水

浇水应遵循“不干不浇，浇则浇透”的原则，保持盆土的湿润，盆土过干使植株萎蔫，盆土过湿，造成植株根系呼吸困难，影响生长。浇水要慎重选择水质，按水质划分，浇水的水分为硬水和软水，除产自干旱沙漠地区的仙人掌类花卉外，绝大多数花都喜软水，忌硬水，因软水不含有毒物质，所受污染少，且具有一定的氧气与营养物质。同时，浇水也要注重时间的选择，一般春、秋季温度适度，一般的植物 1～2 d 浇一次，在大部分的时间段浇水都可以;夏季温度较高,浇水选择在早上或者晚上进行,使水温与环境温度保持一个平衡,1 d浇1～2次;冬季温度低,浇水选择在中午时间段时间,一般4～5 d浇1次水。

2.施肥

盆栽植物对肥料的需求有基肥(底肥)和追肥两种。基肥也称底肥,施入基质中的肥料,时效比较长久。追肥是植物后期缺营养时施用的肥料,作为基肥的补充。盆栽植物施肥遵循“适时适量,薄肥勤施”的原则。

适时施肥,就是在花卉需要肥料时再进行施肥(植株叶色变淡、生长细弱)。适量施肥,就是不同生长期施用不同的肥料,在营养生长时期,植物的根、茎、叶不断进伸、增大、加粗,施以氮、钾为主的复合肥;在生殖生长时期,花芽开始分化,应施以氮、磷为主的复合肥;观叶植物多施以氮为主的肥,可使叶子嫩绿;观花观果植物多施磷、钾肥,使花果鲜艳。薄肥勤施是指每次施用肥料时不能过量,施肥时少量多次,掌握季节和时间,一般春、秋两季花卉生长迅速、旺盛,可多施肥,夏、冬季植株停止生长,应停止施肥;开春到立秋,每隔7～10 d施1次稀薄肥水;立秋后15～20 d施1次。在上盆初期,花卉不能施肥,因为植物经移植后根系大多遭受一些损伤,不能马上吸收肥分,若遇肥料浓度过高,则会烧死植物,要等长出新叶或新根后再施,施肥要选择晴天进行,盆干时施,施后浇透水,以利植株吸收。

3.光照

盆栽植物的光照不宜过多,也不宜不足,要视植物的生长特性而决定,一些喜阳的植物要放置在阳光充足的地方,一些喜阴的植物,要在夏季进行遮阳处理。

4.整形修剪

整形修剪的目的是为了防止植物徒长,剪除顶端枝条,培养良好的株型,一般通过以下措施进行:剪枝、摘心、剥芽和除蕾等。

剪枝是主要剪除枯枝、病弱枝、内膛枝和重叠枝等；摘心的目的是为了促使枝条组织充实，调节生长，增加侧枝的生长，使株型丰满；剥芽和除蕾的主要目的是为了营养集中供给，节约养分，减少不必要的养分消耗。

5. 花期调控

盆花的应用具有很强的时效性，因此，必须根据不同花卉的习性，采取适宜的栽培措施来控制花期，以提高盆花生产的经济效益和社会效益。以花卉的生长发育规律、花芽分化特性为基础，人为地调节和控制花期，使其在自然花期之外，提前或推迟开放的措施，叫花期调控。花期调控主要采用温度处理、光照处理、药剂调剂和控制栽植期等手段进行。如对于一些花芽已形成的，可以进行加温，对于一些休眠越冬的花卉可以采用低温来控制，根据不同花卉品种的日照长短要求来进行加光或遮阳处理。

6. 盆栽植物病虫害防治

植物病虫害的防治应遵循“预防为主，综合防治”的总原则，即在病虫害未发生之前，创造有利的环境条件，有效地预防其发生或减轻危害程序。

第四节 盆栽观花花卉生产技术

一、君子兰生产技术

(一)生态习性

原产于南非的热带地区，生长在树下，根系扎在多年堆积的腐叶层上，要求疏松、肥沃和透气，以 pH 6～6.5 为宜，既怕热又不耐寒，喜半阴而湿润的环境，畏强光直射，生长最佳温度在 18～28℃，10℃以下，30℃以上生长受到抑制，适宜室内养护。

根和叶具有一定的相关性，长出新根时，新叶也会随着发出，正常情况下每年开花1次，开花一般在12片叶子以上，若从种子开始养护，一般要达到15片叶时开花。

（二）繁殖方法

采用播种或者分株繁殖。

1.播种繁殖

因君子兰种子不能久藏，种子成熟采收后即进行播种，将种子去外种皮，阴干，浸入30～35℃温水中浸泡20～30 min后取出，晾1～2 h，播入培养土，后置于室温20～25℃、湿度90％环境中，1～2周即可萌发。盆土要求疏松，富含有机质，实生苗4～5年开花。

2.分株繁殖

每年4～6月进行，分切腋芽栽培。因母株根系发达，分割时宜全盆倒出，慢慢剥离盆土，不要弄断根系。每个子株带2～3条根，分割后，在伤口处涂抹杀菌剂防止腐烂，幼芽上盆后置阴凉处养护，半月后正常管理，经过1～2个月长新根。分株苗3年开花，遗传性状比较稳定，可以保持母株的各种特性。

（三）栽培管理

1.基质

栽培用土以阔叶土、针叶腐叶土、培养土和细沙的混合基质为好，具疏松、肥沃的特性，也可在花卉市场购买君子兰专用基质，要求不干不湿，保持相对湿度40％～60％，土壤过湿易发生病害。

2.环境条件

要求温暖凉爽的环境，保持生长适温20～25℃，昼夜温差10℃，冬季室温低于5℃时易受冻害，花茎矮，易夹箭；夏季高于30℃，叶片细小，花小质差，花期短；夏季气温过高时，进行遮阳、通风和降温处理；冬季必须进行防寒保温。栽培时随着植株的逐渐加大，每过1～2年，在春、秋两季进行换盆。忌强光直射，要放置于有明亮散射光的位置，利于开花结实。为了保持植株的整齐一致，要经常进行移动花盆。在换盆时要施足底肥，生长期每月追肥1次，施肥时不要玷污叶片，营养生长期多施氮肥，生殖生长期，以施磷、钾肥为主，施用自制肥料时要完全腐熟，以防烧根。君子兰为肉质根，浇水不宜过多，保持盆土湿润，可结合浇水施用肥料，浇水要避开花心，以免造成烂心。

(四)常见病虫害

主要病害有白绢病、软腐病（图4-1）和炭疽病；常见虫害有吹棉蚧、红圆蚧和介壳虫。防治以预防为主，平时注意经常察看，发现虫害及早除治，以防蔓延。

图4-1　君子兰软腐病

二、仙客来生产技术

(一)生态习性

原产于地中海沿岸，喜阳光充足和冷凉湿润气候，生长适温为15～20℃，多数品种以17℃为宜，不耐高温，30℃以上停止生长，进入休眠；35℃以上球茎腐烂死亡；较耐低温，但低于5℃生长缓慢，叶片卷曲，花不舒展；相对湿度70%～75%。喜光，忌强光直射，要求疏松、肥沃、富含腐殖质、排水良好的微酸沙壤土。

(二)繁殖方法

可用种子和块茎分割繁殖。

1. 播种繁殖

一般播种发芽率为75%～85%，基质多选用锯末、珍珠岩、蛭石、泥炭等混合而成，播种时间根据品种特点、预计上市时间而定，自播种至开花需10～15个月。播种需先催芽，用清水浸泡种子24 h，再用50%多菌灵可湿性粉剂800倍液进行浸泡消毒，晾干后即可进行，保持温度17～18℃，25～30 d后子叶出土，40～50 d后苗出齐。

2. 块茎分割法繁殖

于花后进行，切除块茎上部1/3做叶插材料，下部块茎仍留于土中，切面上用刀纵横划成1 cm见方小格，切下深度1 cm，切口长出不定芽于3～4月后进行移栽。采用此种方法，经播种法生长快、开花早，能保持品种的优良特性。

(三)栽培管理

1. 基质

一般选用泥炭土与珍珠岩混合基质，使用前做好消毒处理，防止猝倒病、根腐病等，也可用仙客来专用基质，生产出高品质的花卉，基质pH 6.5，要求透水性好，疏松，还要有一定的持久力。

2. 环境条件

仙客来不耐高温与严寒，最高温不超过30℃，否则进入休眠状态，35℃易腐烂坏死，冬季温度保持10～20℃，不低于5℃。夏季置于湿润通风处，盆土保持一定的干燥状态，使其充分休眠越夏，保持盆土湿润。每年7～8月，仙客来进入休眠状态，叶片全部脱落，在9月天气转凉后，新芽萌发，应及时翻盆换土。

仙客来对光照时间长短的变化不十分敏感，对光照需求最高为40 000 lx，如果超过50 000 lx，最好加遮阳措施。夏季处于休眠状态，宜放置于阴凉处，经常性降温，盆土不宜过湿。

(四)常见病虫害

常见病害主要有软腐病和灰霉病；虫害有仙客来螨和蚜虫。

三、蟹爪兰生产技术

（一）生态习性

原产南美巴西，常附生于树上或潮湿山谷，喜凉爽、温暖的环境，夏季避免烈日暴晒和雨淋，冬季要求光照充足，喜土质疏松、富含有机质、排水透气良好的土壤，属短日照植物，每天日照 8～10 h 的条件下，2～3 个月可开花。

（二）繁殖方法

可通过扦插和嫁接繁殖。

1. 扦插

基质可用营养土或河砂、泥炭土等，在早春或晚秋（气温不超过 28℃）时进行，插穗带 3～4 个叶节，伤口晾干后插入基质，插后稍加喷湿，保持基质湿润，不过分干燥或水渍，很快就可长出新根。

2. 嫁接

时间选在春末夏初或夏末初秋均可，以春末夏初为好，砧木以仙人掌为好，接穗选用生长旺盛的嫩枝条，带有顶尖部分最理想。嫁接应选晴天的上午进行，首先将选好的接穗从母本上切除，将基部一节两侧斜削成鸭嘴形，尽量一切削成，以提高成活率，然后在砧木顶部纵切一刀，将削好的接穗迅速插入砧木切口内，用手固定 30 s，后把事先准备好的仙人掌和刺横穿砧木接穗，使之串联在一起。接后将植株置于阴凉通风处，20～30 d 可成活。

（三）栽培管理

1. 基质

蟹爪兰需要疏松、肥沃、排水良好的酸性土，pH 5.5～6.5，可用肥沃的腐叶土、泥炭土、粗泥的混合土壤，也可选用菜园土：炉渣＝3∶1,或者园土∶中粗河沙∶锯末＝4∶1∶2 的基质配方。

2. 环境条件

蟹爪兰生长期适温 15～32℃,开花期最适温度 10～15℃,冬季温度不低于 10℃,忌寒冷霜冻。夏季气温超过 33℃和冬季气温低于 7℃时进入休眠状态。喜欢干燥的空气环境,持续阴雨易受病菌侵染,最适空气相对湿度 40%～60%。耐旱能力强,根系怕水渍,盆内积水过多易引起烂根。

(四)常见病虫害

蟹爪兰易得腐烂病,如有发生,可用消毒过的小刀刮除,并涂抹硫黄粉。主要虫害有介壳虫和蚜虫,介壳虫危害时,叶状茎表面布满白色介壳,使植株生长衰弱,被害部呈现黄白色,严重时用 25%亚胺硫磷乳油 800 倍喷施;发生红蜘蛛危害时,喷洒 1 000～1 500 倍氧化乐果药液防治。

第五节　盆栽观叶花卉生产技术

一、常春藤生产技术

(一)生态习性

产于陕西、甘肃及黄河流域以南至华南和西南,常攀缘于林园树木、林下路旁、岩石和房屋墙壁上,喜温暖、阴凉的环境,忌阳光直射,较耐寒,抗性强,对土壤和水分要求不严,以疏松、肥沃土壤为主,喜酸性或中性,不耐盐碱。

(二)繁殖方法

常春藤茎蔓容易生根,通常采用扦插繁殖。在条件许可时,全年可进行,一般在春、秋季为主。扦插时,基质选用疏松、通气、排水良好的沙质土,采用带气根的嫩枝,剪成 15～20 cm 长,上端留 2～3 片叶。扦插后盖塑料薄膜封闭,并遮阳,保持土壤湿润,20～30 d 就可生根。

(三)栽培管理

常春藤栽培管理简单粗放,但需在土壤湿润、空气流通之处,移植可在初秋或晚春进行,定植后需加以修剪,促进分枝。保持生长适温 18～20℃,最低可忍耐 −7℃ 低温,夏季温度超过 30℃ 时叶片发黄,需要遮阳,避免强光暴晒。

(四)常见病虫害

常见病害主要有炭疽病、叶斑病、疫病、灰霉病、日灼症;虫害主要介壳虫和红蜘蛛。

二、绿萝生产技术

(一)生态习性

原产于所罗门群岛,现广植亚洲热带地区。属阴性植物,喜湿热的环境,忌阳光直射,喜阴。喜富含腐殖质、疏松肥沃、微酸性的土壤。

(二)繁殖方法

主要以扦插为主。春末夏初选取健壮的绿萝藤,剪取 15～30 cm,将基部 1～2 节叶片去除,注意不伤及气生根,插入素沙中,深度为插穗的 1/3,插后浇透水,置于阴凉处,保持温度不低于 20℃,成活率在 90%以上。

(三)栽培管理

盆栽绿萝应选用肥沃、疏松、排水良好的腐叶土,以偏酸性为好。喜阴,应放置于有明亮光线的地方,喜湿热环境,越冬温度应不低于 15℃,盆土要保持湿润,生长旺季结合浇水每 2 周左右施 1 次液肥。冬季停止施肥。夏季应当适当遮阳,栽培时间过长后植株易老化，叶片变小而脱落，所以2～3年后要进行换盆。

(四)常见病虫害

常见病害主要有炭疽病、根腐病、黑斑病、叶斑病、灰霉病等；虫害主要是介壳虫。

三、吊兰生产技术

(一)生态习性

性喜温暖湿润、半阴的环境，适应性强，较耐旱，不甚耐寒，不择土壤，在排水良好、疏松肥沃的沙质土壤中生长较佳。对光线要求不严，一般适宜在中等光线条件下生长。

(二)繁殖方法

可采用扦插、分株、播种等方法繁殖。

扦插和分株从春季到秋季随时可进行，剪取吊兰匍匐茎上的簇生茎叶，直接将其栽入花盆内，浇透水放阴凉处养护，约1周可长新根。

分株时，将吊兰整盆从盆内托出，除去老土和烂根，将植株切开，每株上留2～3个茎，分别移栽培养。

吊兰的种子繁殖可于每年3月进行，因其种子颗粒不大，播下种子后上面的覆土不宜厚，在气温15℃情况下，种子约2周可萌芽，待苗棵成形后移栽培养。

(三)栽培管理

吊兰对各种土壤的适应能力强，栽培容易。可用肥沃的沙壤土、腐殖土、泥炭土或细沙土加少量基肥作盆栽用土。

吊兰生长适温为20～24℃，30℃以上停止生长，冬季室温保持12℃以上，植株可正常生长，低于5℃易发生寒害。喜温暖湿润的环境，不耐寒也不耐热，宜半阴，忌强光。盆土要经常保持潮湿，夏季浇水要充足，若肥水不足易叶片发黄，失去观赏价值，春秋两季可每隔 7～10 d 施 1 次肥料，对金边品种应少施氮肥，以免影响叶片颜色。两年换一次盆，对根系、植株和叶片进行修剪，重新调制培养土。

(四)常见病虫害

常见病害主要是根腐病；虫害主要是介壳虫和粉虱。

第六节 盆栽观果花卉生产技术

一、金橘生产技术

(一)形态特征

常绿灌木，枝条密生，节间短，叶披针形，背面密生腺点。花单生，白色，极香，1～3 朵腋生，花瓣 5。果椭圆形或倒卵形至长椭圆形，金黄色，有光泽，外甜内酸。

(二)生态习性

原产中国，喜温暖湿润和阳光充足环境，较耐寒，耐干旱，稍耐阴。要求排水良好的肥沃、疏松的微酸性沙质壤土。

(三)繁殖方法

采用嫁接繁殖，以枸橘、酸橙或金橘的实生苗为砧木，用靠接、枝接或芽接法。枝接在 3～4 月进行，芽接在 6～9 月进行，靠接在 6 月进行，盆栽常用靠接法，砧木要提前 1 年栽植，嫁接成活后第 2 年萌芽前上盆，多带宿土。

(四)栽培管理

金橘喜阳光充足的气候，养护时要放置于阳光充足的地方，环境过于荫蔽极易造成枝叶徒长，开花结果少，冬季室温以不结冰为宜，否则易落花蕾。

金橘喜肥，上盆时要施足底肥，从新芽萌发开始到开花前，每7～10 d施1次肥。金橘忌积水，盆土过湿易烂根，生育期保持适度湿润为好。

修剪是使金橘花繁果硕的一项重要技术措施，为使枝形优美，应进行修剪。盆栽每2年换盆1次，在春梢萌发前修剪，保留3个健壮枝条。新梢长出5～6片叶时，再摘心促发夏梢结果枝，及时剪除秋梢。每次修剪和摘心后及时施肥。栽培过程中疏花疏果，夏梢生长期适当控水，观果后，早春摘除全部果实并换盆。

(五)常见病虫害

主要病害是溃疡病和疮痂病，可用波尔多液或50%苯灵菌可湿性粉剂2 500倍液喷洒；虫害有红蜘蛛、介壳虫和蚜虫，用40%氧化乐果乳油1 000倍液喷杀。

二、佛手生产技术

(一)形态特征

常绿小乔木或灌木，株高1 m左右，嫩枝带紫红色，有短棘刺，叶互生，长圆形；花多在叶腋间生出，常数朵成束，花冠五瓣，白色微带紫晕，春分至清明第一次开花，另一次在立夏前后，9～10月成熟，果实成熟时各心皮分离，形成细长弯曲的果瓣，状如手指，故名，是香橼的变种之一。

(二)生态习性

原产中国和印度的热带地区，喜温暖湿润和阳光充足环境，不耐寒，不耐阴，怕烈日暴晒，以雨量充足，最适生长温度22～24℃，越冬温度15℃以上，土壤以肥沃、疏松和排水良好的酸性沙质壤土为宜。

(三)繁殖方法

常用扦插、嫁接和压条繁殖。

1. 扦插

以6～7月为宜,从7～8年生健壮母树上剪取生长旺盛、无病虫害的老健枝条,剪除叶片及顶端嫩梢,截成17～20 cm长的插条,保留4～5个芽,插入沙床,30～35 d生根,60～70 d可发芽。

2. 嫁接

在春秋两季均可进行,用香橼或柠檬作砧木,选取6～8 cm长的1～2年生嫩枝作插穗,保留2～3个芽,去叶留柄,采用切接,保持湿润,接后40～50 d,接穗就能抽出嫩枝。

3. 压条

在5～7月进行,采用高空压条法,选用生长旺盛、健壮的高位枝条,一般30～40 d可生根,50～60 d可剪下盆栽。

(四)栽培管理

盆栽每年春季萌发前进行修剪,剪除过密枝、弱枝、病虫枝,生长期保持土壤湿润,叶面多喷水,1年多次开花,3～4月花多为雌花,少结果,6～7月开花少,着果率低,8～9月开的花,着果率高,果大好看,称优果,秋后果果形差。盆栽当年不施肥,第2年每半月施肥1次,第3年停止施肥,着果后每周施肥1次,每年春、夏、秋抽3次梢,春、夏梢及时剪除,秋梢保留部分健壮枝作为结果枝。冬季放室内养护,保持5～12℃。

(五)常见病虫害

常发煤污病,可用波尔多液或波美石硫合剂喷洒;虫害有蚜虫和介壳虫,可用40%氧化乐果乳油1 000倍液喷杀。

三、枸骨生产技术

(一)形态特征

常绿灌木,株高3～4 m,树皮灰白色,小枝开展,叶硬革质,矩圆形,具5枚硬刺齿,基部平截,表面深绿色,有光泽,背面淡绿色,花黄绿色,核果球形,熟时鲜红色。在欧美国家常用于圣诞节的装饰,也称"圣诞树"。

(二)生态习性

原产中国中部地区。喜温暖湿润和阳光充足环境,耐寒性强,耐旱,耐阴,萌发力强,耐修剪,冬季可耐－8℃低温。土壤以肥沃、排水良好的酸性土为宜。

(三)繁殖方法

常用扦插和播种繁殖。

1. 扦插

在梅雨季进行,剪取半木质化嫩枝,长10～12 cm,留上部2片叶,剪除一半,扦入沙床,保持室温20～25℃和较高空气湿度,遮阳,40～50 d可生根。

2. 播种

10月采种,去果皮,经低温沙藏层积(4℃)至翌年春季播种,发芽适温18～22℃,播种苗第3年移栽。

(四)栽培管理

移栽在早春或秋季进行,幼苗生长缓慢,盆栽上盆时施足底肥,一般2～3年换盆1次。

(五)常见病虫害

常有漆斑病、叶斑病和白粉病危害,可用65%代森锌可湿性粉剂500倍液喷洒;虫害有介壳虫,用40%氧化乐果乳油1 000倍液喷杀。

第五章

专类花卉生产技术

第一节　水生花卉生产技术

一、荷花生产技术

(一)生长习性

荷花适应性强,喜热不耐寒,叶具有冬枯现象,根状茎可在地下越冬。荷花喜欢相对稳定的平静浅水,不耐旱,湖沼、泽地、池塘、大田是其适生地。要求土壤肥沃、黏性、全光照,不耐阴。物候期,长江流域4月上旬萌发,5月具挺水叶,6～9月花期,花果同期,9月藕熟,10月下旬叶枯,进入休眠。

(二)繁殖方法

采用分藕繁殖和种子繁殖。在园林应用中,一般采用分藕繁殖。

1. 分藕栽植

分藕繁殖时,如果种于池塘,用整枝主藕做种藕,如果种于碗钵，可用藕节繁殖。3 月底 4 月初，当气温在 25℃时，是翻盆栽藕的最佳时期。栽插前，缸内放入肥沃的种植土，并加水将泥和成糊状，泥约占缸的 2/3，水占 1/3。栽插时，选顶芽完好粗壮且有两个完整藕节的小段作为种藕，将顶芽朝下沿盆边呈 20°斜插入泥，碗莲深 5 cm 左右。大型荷花深 10 cm 左右，头低尾高。尾部半截翘起，栽后 1 周内不要加水，让种藕固持生长在土中，促使发芽。栽后将盆放置于阳光充足、避风处放置。最初抽出幼嫩小叶，叶片细长而柔软，叶片浮在水面上，称为浮叶。可随着浮叶的生长立叶的出现，逐渐加增加水量，最后加至接近缸面。池塘栽植前期水层与盆荷一样，后期以不淹没荷叶为度。

2. 播种繁殖

一般在 4 月上旬进行。先选好的良种带皮莲子，用利刀将种子顶端种皮割掉 2～3 mm，或在水泥地上或粗糙的石块上磨破，在水中浸泡 2～3 d，待种子吸水膨胀后播种于盆中（盆土处理与分藕法相同）。然后将盆浸入大水缸，盆面上保持 3～4 cm 深的水。在 25～30℃的温度下，经 8～10 d，即可发出细芽，以后逐渐长出叶片，到第二年就可开花。

（三）栽培管理

1. 浇水

生长前期，水层要控制在 3 cm 左右，有利于升温，促进发芽生长。如用自来水，最好另缸盛放，晒 1～2 d 再用。夏天是荷花的生长高峰期，盆内切不可缺水。入冬以后，盆土也要保持湿润以防种藕缺水干枯。

2. 施肥

以磷钾肥为主，辅以氮肥。如土壤较肥，则全年可不必施肥。腐熟的饼肥、鸡鸭鹅粪是最理想的肥料，小盆中施 25 g 即可，大盆中最多只能施 1～2 两，切不可多施，并要充分与泥土拌和。生长旺期，如发现叶片色黄、瘦弱，可用 0.5 g 尿素拌于泥中，搓成 10 g

左右的小球，每盆施1粒，施在盆中央的泥土中，7 d见效。

3. 越冬

嘉兴地区可露地安全越冬，整个冬季要保持泥土湿润。

(四)常见病虫害

主要病害有黑斑病、腐烂病；虫害有斜纹夜蛾和蚜虫。

二、睡莲生产技术

(一)生长习性

喜温暖、湿润、阳光充足的环境，在土质肥沃，中、酸性土壤与水质中生长良好。适宜水位 30～80 cm，温度 15～32℃，低于10℃时停止生长。在长江流域 3 月下旬至 4 月上旬萌发，4 月下旬或 5 月上旬孕蕾，6～8 月为盛花期，10～11 月为黄叶期，11 月后进入休眠期。

(二)繁殖方法

一般采用分株和播种繁殖。

1. 分株繁殖

耐寒种通常在早春发芽前 3～4 月进行分株，不耐寒种对气温和水温的要求高，因此要到 5 月中旬前后才能进行分株。分株时先将根茎挖出，挑选有饱满新芽的根茎，切成 8～10 cm 的带芽块茎，然后进行栽植。顶芽朝上埋入表土中，覆土的深度以植株芽眼与土面相平为宜，每盆栽 5～7 段。栽好后，稍晒太阳，方可注入浅水，以利于保持水温，但灌水不宜过深，否则会影响发芽。待气温升高，新芽萌动时再加深水位。放置在通风良好、阳光充足处养护，栽培水深 20～40 cm，夏季水位可以适当加深，高温季节要注意保持盆水的清洁。

2. 播种繁殖

即在花开后转入水中，果实成熟前，用纱布袋将花包上，以便果实破裂后种子落入袋内。种子采收后，仍须在水中贮存，如干藏将失去发芽能力。在3～4月进行播种，盆土用肥沃的黏质壤土，盛土不宜过满，宜离盆口5～6 cm，播入种子后覆土1 cm，压紧浸入水中，水面高出盆土3～4 cm，盆土上加盖玻璃或薄膜，放在向阳温暖处，以提高盆内温度。播种温度以25～30℃为宜，经15 d左右发芽，种子发芽后分开培养于花盆，随茎叶生长发育，增施液肥和增加水位，3～4片浮叶时移栽，第二年即可开花。

(三)栽培管理

睡莲栽培形式多样，因此对水位的要求也有所差异，常规的是浅—深—浅—深。生长初期气温、水温低，浅水有利于生长；生长旺盛期，植株体型大，生长快，需要深水；生长后期，浅水有利于地下茎营养储存与分蘖；冬季越冬需要深水。在生产期要及时清除杂草，同时清除黄叶、病叶，追肥2～3次，花期施磷酸二氢钾。若藻类过多，可用硫酸铜喷杀。

1. 栽培形式

(1)缸栽　栽植时选用高50 cm左右、口径尽量大的无底孔花缸，花盆内放置混合均匀的营养土，填土深度控制在30～40 cm，便于储水。将生长良好的繁殖体埋入花缸中心位置，深度以顶芽稍露出土壤即可。栽种后加水但不加满，以土层以上2～3 cm最佳，便于升温，以保证成活率。随着植株的生长逐渐增加水位。

(2)盆栽　选用无孔营养钵，高30 cm，口径40 cm，栽种方法及营养土如缸栽，填土高度在25 cm左右，栽种完成后沉入水池，水池水位控制在刚刚淹没营养钵为宜，随之生长逐渐增加水位。

(3)池塘栽培　选择土壤肥沃的池塘，池底至少有30 cm深泥土，繁殖体可直接栽入泥土中，水位开始要浅，控制在2～3 cm，便于升温，随着生长逐渐增高水位。入冬前池内加深水位，使根茎在冰层以下即可越冬。

早春把池水放尽，底部施入基肥（饼肥、厩肥、碎骨头和过磷酸钙等），填肥土，然后将睡莲根茎种入土内，淹水 20～30 cm 深，生长旺盛的夏天水位可深些，可保持在 40～50 cm，水流不宜过急。若池水过深，可在水中用砖砌种植台或种植槽，或在长的种植槽内用塑料板分隔 1 m×1 m，种植多个品种，可以避免品种混杂。也可先栽入盆缸后，再将其放入池中。生育期间可适当增施追肥 1～2 次。7～8 月，将饼肥粉 50 g 加尿素 10 g 混合用纸包成小包，用手塞入离植株根部稍远处的泥土中，每株 2～4 包。种植后 3 年左右翻池更新 1 次，以避免拥挤和衰退。冬季结冰前要保持水深 1 m 左右，以免池底冰冻，冻坏根茎。

2. 适时追肥

追肥的原则必须是既有益于睡莲生长，又在水中无浪费，因为肥料的浪费会导致水体富营养化而加快藻类及水草的生长，进而污染水体。可用有韧性、吸水性好的纸将肥料包好，并在包上扎几个小孔，以便肥分释放，施入距中心 15～20 cm 的位置，深度在 10 cm 以下。也可用潮湿的园土或黏土与肥料按一定的比例（一般土与化肥 10∶1，土与有机肥 4∶1）混合均匀后攥成土球（以攥不黏手、松手不散坨为宜），距根茎中心 15～20 cm 处分 3 点放射状施到根茎下 10～15 cm 处，随攥随施。追肥时间一般在盛花期前 15 d，以后每隔 15 d 追肥 1 次，以保障开花量，但追肥不宜过多，过多容易加大营养生长，叶片数量加大，影响花期整体效果。合理的追肥可延长耐寒睡莲的群体花期，也可增加来年繁殖体生长数量。

（四）常见病虫害

主要病害有腐烂病、叶腐病、炭疽病；主要虫害有小萤叶甲虫、睡莲缢管蚜、螺丝类、蚜虫。

三、千屈菜生产技术

(一)生长习性

喜强光、亦耐半阴。喜温暖,耐严寒,在15～30℃生长良好。喜水湿,对土壤要求不严,在深厚、富含腐殖质的土壤上生长更好。

(二)繁殖方法

可采用播种、分株和扦插的方法繁殖。

1. 种子繁殖

春播于3～4月,播前将种子与细土拌匀,然后撒播于床上,浇透水,盖薄膜,播后10～15 d出苗,立即揭膜。苗高10～15 cm移栽。上盆或定植在大田。

2. 扦插繁殖

5～6月选健壮枝条,截成10 cm左右长,留顶端2～3片叶,其余去掉,插在栽培基质中,入土深度为2～3 cm,压紧,浇水保湿,2～3周后即可生根。

3. 分株繁殖

春季4～5月将根丛挖起,切分数芽为一丛,栽于施足基肥的湿地。

(三)栽培管理

在植株长到15 cm时要摘心一次,以促发新枝,如有需要可进行2次摘心。定植后,每年中耕除草3～4次。春、夏季各施1次氮肥或复合肥,秋后追施1次堆肥或厩肥,经常保持土壤潮湿,是种好千屈菜最关键的措施。

(四)常见病虫害

病害少见,夏季主要受螨类、金龟子、菜蛾等危害。

四、黄菖蒲生产技术

(一)生长习性

喜温暖、湿润和阳光充足环境。较耐寒，怕干旱，稍耐阴。生长适温 15～35℃，10℃以下低温生长停滞，长江中下游地区可以露地越冬，春季再发叶。

(二)繁殖方法

常用播种和分株繁殖。

1. 播种繁殖

3～4 月盆播，或采收种子后立即播种，发芽适温 18～21℃，播后 15～20 d 发芽，苗高 5～6 cm 时移栽。

2. 分株繁殖

可在春、秋季或花后进行，将母株根茎挖起，用利刀切开，每段根茎带 3～4 个芽，栽植时尽量让芽露出地面，花后进行分株时，应将植株上部叶片剪去，留 20 cm 左右进行栽植。

(三)栽培管理

黄菖蒲栽植间距依种类而异，强健种为 50 cm×50 cm，一般品种在 20 cm×20 cm 左右。施足基肥，生长期土壤保持较高湿度，尤其是花期，根部需生长在水中，以水深 5～7 cm 为宜。土壤 pH 最好在 6.5 以下，否则植株生长缓慢，还可能出现黄化现象。生长期施肥 3～4 次，并注意清除杂草和枯黄叶。夏季高温，应经常向叶面喷水。

(四)常见病虫害

主要病害有白绢病、叶枯病、立枯病、根腐病；主要虫害有蟋蟀、蚜虫、红壁虱等害虫。

第二节　兰科花卉生产技术

兰科是单子叶植物中最大的科，有 2 000 种以上可供栽培观赏。依其生长方式不同，可分为地生兰、附生兰、腐生兰。地生兰如春季开花的春兰，夏季开花的蕙兰、台兰，秋季开花的建兰，冬季开花的墨兰、寒兰；附生兰如卡特兰、兜兰、石斛、万带兰、蝴蝶兰；腐生兰如天麻。

一、春兰生产技术

(一)品种类型

1. 梅瓣型

100 余品种，如'宋梅'、'西神梅'、'方字'、'贺神梅'。

2. 水仙型

20～30 个品种，如'龙字'、'翠一品'、'春一品'、'蔡仙素'。

3. 荷瓣型

10～20 个品种，如'大富贵'、'郑同荷'、'绿云'、'张荷素'。

4. 素心类春兰

花全部淡绿色或黄绿色。

(二)生态习性

喜温暖湿润和半阴环境，以冬暖夏凉的气候最为理想。生长期适温 15～25℃；冬季－5～8℃；冬季阳光充足，夏季适当遮阳；空气湿度生长期 70%，休眠期 50%；要求土壤富含腐殖质，疏松透气，保水排水良好，pH 5.5～6.5。

(三)繁殖方法

主要是分株、播种和组织培养。

1. 分株

春兰经过一两年的栽培，能萌发出许多新芽，当苗数达到6、7苗时，就可以进行分株，一般2、3年分株一次。在春、秋季，选择6、7株以上的植株，起盆，轻轻拍打盆的底部，倒出兰根，注意不要伤到新根，小心掰开，用剪刀修剪枯根、腐根，然后浸入40%甲基托布津或百菌清800倍液1 h，再用清水冲洗，晾干，根部发白变软时，就可以定植了。

2. 播种

春兰种子极细，种子内仅有一个发育不完全的胚，发芽力很低，加之种皮不易吸收水分，用常规方法播种不能萌发，故需要用兰菌或人工培养基来供给养分，才能萌发。

3. 组织培养

在春兰根部切取2～3 cm的芽，用流水冲洗20 min，在无菌操作室内进行无菌操作。剥离2～5 mm的茎尖，接种到准备好的培养基上，3～4个月后发出根状茎，不断增殖，再进行诱芽和生根。当试管苗长至5～8 cm，有2、3条根时，即可移栽。

(四)栽培管理

春兰在我国已有2 000多年的栽培历史，属半阴性植物，栽培口诀："春不出，夏不日，秋不干，冬不湿"。春兰原产地环境特点为湿润适当庇荫，空气洁净，通风良好。基质应以腐殖质为主，采用山林地表的枯枝叶，嘉兴地区腐殖土，俗称兰花泥；也可以用塘泥、草炭、蛭石、珍珠岩、苔藓等有机和无机基质，人工配制成疏松通透培养土。

兰花浇水润而不湿，干而不燥，水不能过多过少，以雨水最好，施肥可施基肥或追肥。生长季节每15～20 d 1次，其他季节应少施，并且施肥后第2天要浇水。

(五)常见病虫害

常见的病害有白绢病和炭疽病；虫害主要为介壳虫。

二、大花蕙兰生产技术

(一)品种类型

主要栽培品种有:洋红色(安娜贝丽、彩斑)、血青色(巴塞罗那、森林之王、先锋)、红色(卡门、红美)、乳白色(小瀑布、牧歌)、黄色(金色羊毛、抒情诗人)、银灰色(莫莉)、白色(新娘)。

(二)生态习性

原产我国西南地区。常野生于溪沟边和林下的半阴环境。喜冬季温暖和夏季凉爽。生长适温为10～25℃。夜间温度10℃左右比较好。叶片呈绿色,花芽生长发育正常,花茎正常伸长,在2～3月开花。若温度低于5℃,花期推迟到4～5月,而且花茎不伸长,影响开花质量。若温度在15℃左右,花芽会突然伸长,1～2月开花,花茎柔软不能直立。如夜间温度高达20℃,叶丛生长繁茂,影响开花,形成花蕾也会枯黄。总之,大花蕙兰花芽形成、花茎抽出和开花,都要求白天和夜间温差大。

(三)繁殖方法

一般采用分株、播种和组织培养繁殖。

1.分株繁殖

分株繁殖只要不在兰花旺盛生长期,均可进行。较适宜的时间是兰花的休眠期,即新芽尚未伸长之前和兰花停止生长后。

为了分株时操作方便,应尽量减少损伤根系。在分株前让该盆基质适当干燥。数日不浇水,也不向叶面喷水,使根系发白,产生不明显的凋缩。可使本来脆而易断的肉质根变得绵软,根系容易与盆脱离。注意长期过分干燥对植株的生长不利。基质可用不同规格的树皮、苔藓,蕨根(蛇木屑)等。

分株时,先将兰株从盆中取出,除掉旧基质、腐朽的根、部分老根、枯老的叶片和无叶的老假鳞茎。再用消毒过的利刀将一盆分切成两盆或多盆，使分株后的每一丛至少保留 3 个相连的假鳞茎。这样新植株才能在下一年开花。若分株过细、过小，开花期可能要推迟到后年。

2. 播种繁殖

主要用于原生种大量繁殖和杂交育种。种子细小，在无菌条件下，极易发芽，发芽率在 90%以上。

3. 组织培养

同春兰生。

(四)栽培管理

大花蕙兰一般用塑料大棚或加温的温室栽培，在平原地区栽培要配备高山基地做越夏催花用。促成栽培可在高山栽培，年末上市，适于大型、中型品种最早 10 月中旬开花上市。普通栽培，全生育期在平地栽培，12 月至翌年 3 月上市，适于小型、中型品种。抑制栽培是把冬季的温度降低，开花变晚，3～5 月上市，适于小型、中型品种。

大花蕙兰对水分的要求较高，在生长期间不可过干，春、秋、冬三季可 3～4 d 浇 1 次，随着温度升高应逐渐增加浇水次数。炎夏时 1 d 需浇水 2～3 次，并经常喷洒叶面水，增加空气湿度，以免黄叶。

生长期间应薄肥勤施，可追施稀薄的化肥或复合肥，若施较多的骨粉、腐熟的豆饼肥，就能使花大而多。液肥应按 1∶1 000 稀释，每 10 d 施 1 次，开花前应施足肥，开花期和盛夏季节不要施肥。生长期氮、磷、钾比例为 1∶1∶1，催花期比例为 1∶2∶(2～3)，肥液 pH 为 5.8～6.2。

大花蕙兰的假球茎一般都含有 4 个以上叶芽，为了不使营养分散，必须彻底摘抹掉新生的小芽和它的生长点。这种操作应从开花期结束开始，每月摘 1 次芽，至新的花期前停止，这样能集中营养，壮大母球茎，使花开得更大、更多。

花期调控关键技术最适宜温度，6～10 月，白天 20～25℃，夜间 15～20℃，大于 30℃高温不利于花芽分化和发育，可忍受短暂高温。花芽发育期间适当控水能促进花芽分化和花序的形成。开花期养分不足或高温或温差大于 10℃易造成落花落蕾。深色花喜较强光照，低温可使得花色变黑或褐色。

(五)常见病虫害

常见的病害有疫病、软腐病、根腐病、炭疽病、叶枯病和毒素病等；虫害主要有介壳虫、粉虱、螨类、蚜虫和蜗牛。

三、蝴蝶兰生产技术

(一)品种类型

常见品种有曙光：花粉红色；米瓦查梅：花黄色，具深色小斑点；奇塔：花黄色，具深色小斑点；快乐少女：花白色，唇瓣深红色；红唇：花白色，唇瓣深红色；兄弟：花金黄色；白雪公主：花纯白色；甜：花金黄色。

(二)生态习性

附生性兰花，单茎性不分枝，具备花芽分化条件，可从最上端展开叶 3～4 节的叶腋形成花芽，花茎伸长适温为 20～25℃，短日照(8h)可促进开花。一般 9～10 月花茎伸长，2～3 月开花，高山栽培或冷房栽培也可促进开花。生育适温，昼温 30℃，夜温 20℃，喜好弱光，春秋季节光的透过率为 70%，夏季为 40%～50%，可用遮阳网遮阳。忌过分干燥或过湿，保持 70%左右的湿度为宜。

(三)繁殖方法

蝴蝶兰属单轴型兰花，一生只产生一条主茎和一个生长点，种苗繁殖主要采用组织培养、无菌播种繁殖和花梗催芽繁殖法等方法。

组织培养和无菌播种用于大规模生产繁殖；分株繁殖通常用于少量繁殖或家庭繁殖。分株法操作简单，但相对成苗率较低。

（四）栽培管理

高山栽培，6 月下旬至 9 月下旬在海拔高度 500～600 m 的山上，管理 40 d，第 1 花茎 9 月下旬至 12 月下旬开花，第 2 花茎 3～4 月开花。冷室栽培，6 月中旬至 9 月下旬，昼温 25℃，夜温 18℃，管理 30 d，第 1 花茎 9 月下旬至 12 月下旬开花，第 2 花茎 3～4 月开花，冷室栽培所用蝴蝶兰应有 6 枚叶片大小的植株。抑制栽培（高温），9 月下旬至 12 月下旬，昼夜温 28℃管理之后 20℃管理，第 1 花茎 6 月下旬开花。

基质大多单独用水苔，也可用水苔∶木炭或珍珠岩＝3∶1。液肥稀释 3 000～5 000 倍随灌水施入；或者把油渣∶骨粉＝3∶1 混合，也可以用缓释性化学肥料。

灌水依用土的种类、苗的大小调整灌水量。低温过湿易发生根腐，所以 4～5 d 灌水 1 次。高温的夏季生长期，每 3 d 充分灌水 1 次。

（五）常见病虫害

常见有褐斑病和软腐病危害，可用 50％多菌灵可湿性粉剂 1 000 倍液喷洒。虫害有介壳虫和白粉虱危害，用 2.5％溴氰菊酯乳油 3 000 倍液喷杀。

第三节　切花花卉生产技术

一、非洲菊生产技术

（一）生长习性

喜冬暖夏凉、空气流通、阳光充足的环境，不耐寒，忌炎热。

喜肥沃疏松、排水良好、富含腐殖质的沙质壤土，忌黏重土壤，宜微酸性土壤。其最适生长的昼温是22～26℃，夜温为20～24℃。土壤疏松透气，忌水湿，pH在5.5～6.0最合适。每天光照时数不低于12 h。

(二)生产技术

1. 选苗

种植非洲菊，选取种苗是关键，种苗选用90 d苗龄健康强壮的组培苗最好。虽然非洲菊可多年栽种，但由于第二年以后，切花的质量和产量都会有所下降，所以有必要进行更换种苗，最经济的种植周期为2年。

2. 定植

非洲菊属深根系，宜做高畦或堆砌种植床，高度应达30～40 cm，畦面宽50～60 cm，畦上种两行苗，行距30～40 cm，株距25～30 cm。标准塑料大棚可做4畦或3畦，1个棚约种植900株。

非洲菊适宜种在潮湿土上，种植时间为清晨或傍晚。种植不能太深，苗的根颈部应露出土面1～1.5 cm，定植后在每株植物根部浇杀菌剂根腐宁。第二天再浇1次透水，注意不能有积水。苗期避免过强的光照和过高的温度。

(三)栽培管理

非洲菊切花的高产栽培，温度宜保持在16℃以上，并避免昼夜温差过大。如温差过大，会造成畸形花序。一般最佳的湿度为70%～85%。湿度过高则会引起病害。

1. 浇水

非洲菊生长量大，需经常浇水、施肥以保证植株需求。通常采用滴灌的方式，滴灌速率通常在0.5 Pa的压力下，每孔每小时输出2 L水。浇水时间最好在清晨或日落后1 h；浇水量则视天气和土壤状况而定，冬天和阴天尽量避免浇水过多。

2.施肥

由于非洲菊忌土壤高盐，通常不宜大量施用基肥。可在定植前用腐熟、干燥的家畜肥混入栽培土中。因非洲菊四季开花不断，所以必须在整个生长期不断追肥，最佳的追肥模式为营养液滴灌。一般每隔 10～15 d 施 1 次氮钾复合肥，标准大棚每次用量为 10～15 kg。追肥应根据不同色生长阶段进行配比，在开花前氮、磷、钾的比例为 20∶20∶20，在开花期间则应使氮、磷、钾、钙、镁的比例保持在 15∶10∶30∶10∶2。除了大量元素之外，微量元素也应定期供给。

3.剥叶与疏蕾

(1)剥叶　剥去植株的病叶和发黄的老叶；剥去已被摘去花的那张叶；根据植株分株叶上的叶数来决定是否需剥叶。一般 1 年以上的植株有 3～4 个分株，每分株应留 3～4 片功能叶，多余的叶片要逐个分株上剥叶，不能在同一分株上剥；将重叠于同一方向的多余叶片剥去，使叶片均匀分布，以利更好地进行光合作用；如植株中间长有许多密集丛生的新生小叶，功能叶相对较少时，应适当摘去中间部分小叶，让中间的幼蕾能充分采光。

(2)疏蕾　疏蕾的主要目的是提高切花品质。当同一时期植株上具有三个以上发育程度相当的花蕾时，应将多余的花蕾摘除，以保证主蕾开好花。当夏季切花廉价时，尽量少出花，利于秋冬季出花。

(四)常见病虫害

非洲菊的主要病害有灰霉病、白绢病、菌核病等，为真菌引起，可通过土壤消毒、降低空气湿度和定期喷施杀菌剂等进行防治。非洲菊的虫害较多，如跗线螨、蚜虫、红蜘蛛、潜叶蝇、线虫等，其中又以跗线螨的危害最普遍、最严重。跗线螨的发生高峰多在 5 月份，8～9 月间的温度高、气候干燥时也易发生。以药剂预防为主，宜每隔 10～15 d 喷施药剂，三氯杀螨醇 1 000 倍液，或克螨特 1 000～1 500 倍液，或速螨酮 900 倍液或索尼朗 1 000 倍液等进行交替施用。此外，病虫害的防治还应注意保护地的田间卫生，实施综合防治。

二、百合生产技术

(一)栽培品系

切花百合主要有三个种系，亚洲系、东方系和麝香百合。浙江目前种植以东方百合为主。品种选择：春季栽培，以索邦、西伯利亚、元帅、凝星为主；夏季栽培，选择玛丽、柏林、宝加、辛普隆等品种较宜。种球以周径 14～16 cm、16～18 cm 规格为好；秋季栽培，选择西伯利亚、索邦、泰伯、迈阿密、马可波罗为宜，种球规格为 14～16 cm、16～18 cm、18～20 cm；冬季栽培，品种可选择索邦、西伯利亚、地中海、马可波罗等，种球规格为 14～16 cm、16～18 cm、18～20 cm。

(二)生长习性

喜凉爽，较耐寒，生长、开花的适温为 15～25℃，5℃以下 30℃以上停止生长。喜干燥，怕水涝。土壤湿度过高则引起鳞茎腐烂死亡。性喜土层深厚、肥沃疏松的沙质壤土，pH 5.5～6.5，忌土壤高盐分。在生长季节要求阳光充足，但幼苗期适当遮阳对植株生长有益。

(三)繁殖方法

百合鳞茎的繁育主要采用自然分球、鳞片扦插、珠芽繁殖。铁炮百合采用播种的方法培育实生苗栽培。受繁育条件和成本、质量的限制，嘉兴地区一般直接购买进口的百合种球切花种植。

(四)栽培管理

1. 土壤

土质以富含腐殖质、土层深厚、疏松而又排水良好为宜。最忌连作，对土壤盐分很敏感。百合喜有机肥，每亩应施入充分腐熟的堆肥、厩肥等有机肥 2 000～3 000 kg，百合所需的氮、磷、钾比例为 5∶10∶10。

2. 定植

做高畦或栽培床，畦高 25 cm，畦宽 1 m，通道 60 cm。种球种植深度为种球顶端离地面 8 cm 左右，种植时，注意不要损伤种球的根系。种植密度随品种类型、具体品种和种球大小等不同而不同。东方型百合 14～16 cm 的种球，每平方种植 30～40 头，每标准大棚可种植 3 600～4 800 头。

3. 定植管理

9～10 月定植，12 月至翌年 3 月初为百合鳞茎的休眠期，低温 9～13℃条件下已充分发根；早春后开始发叶，此时要保持土壤湿润，但千万不能渍水，追施氮肥和钙肥，以每 100 m^2 使用 1 kg 硝酸钙的标准计，为了避免氮肥的烧叶现象，应在施肥后用清水清洗植株。百合至春暖时分抽薹，并开始花芽分化，这时视天气情况决定灌溉次数；4 月下旬进入花期，增施 1～2 次过磷酸钙，施肥应离茎基稍远；孕蕾时土壤应适当湿润，花后水分减少。及时中耕、除草，并设立支柱、拉网，以防花枝折断。

4. 促成栽培

(1)种球冷藏处理　一般取周径 12～14 cm 以上的大规格种球，用潮湿的碎木屑(须用新鲜木屑)或泥炭土等填充物与种球同置于塑料箱内，并用薄膜包裹保湿。先在 13～15℃条件下预冷处理 6 周，再在 8℃处理 4～5 周。抑制栽培需长时间冷藏，应先以 1℃预冷 6～8 周提高其渗透压后，亚洲系百合在－2℃条件可贮藏 14～15 个月，东方系和麝香百合在－1.5℃条件下可贮藏 8～12 个月。

(2)种球发根　冷藏球取出后，以 10～15℃的温度逐渐解冻，并在 10～13℃温度条件下进行生根贮藏，生根期为 1～3 周。百合种球充分发根，新芽有 2～3 cm 长时应尽快下种。经冷藏处理的百合，自下种到开花，一般只需 60～80 d。

(3)种植　经冷藏处理的百合种球，可在 1 年内的任何时期种植，如能满足其生长的温度条件，可正常开花。

在春节前后至 4 月开花的，取冷藏球于 9 月下旬至 10 月中旬定植，冬季需加温到 13～15℃，并人工补光。最理想的是保持昼温 20～25℃，夜温 10～15℃，尤其要防止出现白天连续 25℃以上的高温及夜晚 5℃以下的低温。最好是利用热水或热气的管道的加温方式，以达到加温均匀稳定。冬季保护地栽培，还应注意通风透气，避免温度、湿度的剧烈变化，并在开花期内少浇水。

(五)常见病虫害

易产生真菌性病害，栽培过程中易出现生理性的叶烧病或称“焦枯”；常见虫害有蚜虫、金龟子幼虫、螨类。

三、鹤望兰生产技术

(一)生态习性

鹤望兰原产非洲南部，喜温暖、湿润气候，不耐寒，怕霜雪。生长适温 18～24℃，持续高温会导致生理障碍和花芽枯死，冬季温度不低于 5℃。喜阳光充足，耐旱能力非常强，最忌积水，要求富含腐殖质和排水良好的土壤。

(二)繁殖方法

常用播种繁殖和分株繁殖，此外也可用组织培养法。嘉兴地区最主要用分株繁殖。分株宜早春或晚秋进行，选取茂盛、分蘖多的植株，从根系的空隙处用利刀切断连接处，切口涂上草木灰消毒，置阴处稍晾 1～2 h 后种植，以防伤口腐烂。分株后每个植株需保留 2～3 个分蘖，每 1 分蘖上至少保留 2 条须根，同时修去部分老叶。分株后即可移植。分株繁殖时，可以将母株整丛挖起，也可以不挖母株，直接在地里将母株上的侧株用快刀劈下挖出来，注意尽量多带根系。

(三)栽培管理

1. 栽植前准备

鹤望兰喜疏松、排水良好微酸性的肥沃土壤，定植前每平方米可加入 25 kg 的泥炭或其他腐殖土、0.5 kg 的菜饼肥及适量的磷、钾肥作基肥，再放入每亩 3 kg 敌克松作土壤消毒和杀虫剂，并结合中耕将其翻入土中，耕深 30 cm，做 25 cm 以上的高畦。

2. 定植

种植时间 3～10 月均可，但以 4 月为佳。种植时采用“品”字形法，株行距 80 cm×120 cm，亩栽 600～800 株；也可先密植，1～2 年后在进行移栽。定植时开穴深翻，种植穴深达 60 cm，种植深度以根颈部在土下 1～2 cm 为宜，种植后浇足水，以后见干见湿，分株苗一般需经 1 个月才能恢复正常生长，此期间须进行 50%遮阳，并经常进行叶面喷水，待新根长出后进入正常的水肥管理。

3. 生长期管理

(1)温湿度　平均相对湿度 70%左右，高于 35℃则生长缓慢，超过 40℃，叶片卷曲，呈现休眠。冬季温度下降到 0℃时即受冻害。因此 11 月下旬至翌年 2 月须保温，一般可采用 2 层薄膜加一层无纺布，或 3 层薄膜，棚内温度高于 5℃，让其安全越冬。冬季尽量少浇；春秋适当浇灌，梅雨季节要及时排水，避免积水，否则会引起根部腐烂和枯死；夏季炎热，秋季干燥的季节，应向叶面和四周洒水，以达到降温和增湿的目的。

(2)施肥　施足底肥。每年春秋季是盛花期，一般 7～10 d 追施 1 次，每平方米用复合肥 0.05 kg，秋季避免多施氮肥，以免导致叶片生长过旺而降低其抗寒力。11～12 月可适当施入有机肥。追肥时，应采取挖浅沟的方法，注意施肥时尽量避免损伤叶片。

(3)整形修剪　鹤望兰每片成熟叶基部都可分化花芽，为使养分集中,保持株间通风良好,减少病虫害,促使其孕蕾并提高花芽质量,对断叶、病叶和花后黄化叶及时剪除。

(4)切花采收　当第一朵小花含苞或露出苞片之外使即可采收,采收时间一般为早晨或傍晚。采后包装时,切花的花梗要求达到 70 cm 以上,一般 5 支 1 小捆,花头对齐包扎,即可销售若需长途运输,切花浸水后应在保湿箱内干运,温度 7～8℃。贮藏期切花对灰霉病敏感,在贮运前需要喷洒杀菌剂保护。

(四)常见病虫害

主要病害有立枯病和赤锈病。主要虫害有介壳虫、金龟子、袋蛾、蜗牛,用相应的药剂防治。

第六章

花卉病虫害防治

第一节　花卉病虫害基础知识

一、花卉病虫害的定义

花卉病虫害是指花卉在生长发育过程中，因遭受有害微生物（或有害生物）的侵害和不良环境的影响，使其在生理上和外部形态上，都发生一系列的病理变化。致使花卉生长不良，甚至引起植株死亡，严重影响了观赏价值，造成经济上的损失。

二、花卉病虫害的特点

第一，花卉种类多，常多种花木或与其他农作物混种或邻种，病虫种类多，且易交互感染危害。

第二，花卉栽培方式多样，交换频繁，使得病虫发生更复杂，防治难度更大。

第三，室内摆放及盆栽花卉生长环境差，各种非侵染性病害发生多。

综上所述，花卉病虫害防治必须贯彻“预防为主，综合防治”的植保方针，采取各种安全有效的措施，防患于未然，实现对花卉病虫害的可持续控制。

三、花卉病虫害综合治理的原则

(一)从生态角度出发

根据生态系中植物、病虫、天敌三者之间及与周围其他无机环境之间的相互依存、相互制约的动态关系，在整个园林植物培育、养护管理过程中，都要有针对性地调节和操纵某些生态因子，创造有利于园林植物及天敌生存，而不利于病虫发生的环境条件，以预防或减少病虫害的发生。

(二)从安全角度出发

综合治理的所采取的措施不但要对防治对象有效，还必须对人畜、有益生物、园林植物安全或毒害小，不仅对当时安全毒害小，而且对今后也没有不良的毒副作用，无残毒无污染或少污染。

(三)从保护环境、恢复和促进生态平衡，有利于自然控制角度出发

综合治理并不排除化学农药的使用，但要符合环境保护原则，要求做到科学使用农药，减少污染，减少对天敌的杀伤，促进生态平衡，增强天敌的自然控制力。以达到有害生物可持续控制。

(四)从经济效益角度出发

防治病虫的目标是将其种群数量控制在经济允许水平以下，而不是全部灭绝。经济允许水平是植物能够忍受病虫害危害的最高数量和受害程度，在此数量之下，防止收益等于防治成本。为了防止病虫达到或超过经济允许水平，必须采取防治措施的最低病虫密度或危害程度。

四、花卉病虫害防治的基本方法

(一)植物检疫

植物检疫是根据国家颁布的法令,设立专门机构,对输入和输出或调运的种子、苗木及植物产品进行检验,禁止和限制危险性的病虫草害的输入和输出,或传入后限制其传播,消灭其危害。具有强制性和法律效力。

1.对外检疫

国家在对外港口、国际机场、国际交通要道设立植物检疫机构,对进出口及过境的应施检疫的植物及产品进行检验和处理,防止国外新的或国内还是局部发生的危险性病虫草害的输入和国内某些危险性病虫草害的输出。

2.对内检疫

由各级地方政府检疫机构,会同交通运输、邮局等部门,根据规定的对内检疫对象执行检疫和处理,防止和消灭通过地区间的物资交换、调运种子、苗木及其他产品而传播的危险性病虫草害。

(二)园林技术防治措施

通过改进栽培技术措施,创造不利于病虫发生,而有利于园林植物生长的环境条件,以达到抑制和消灭病虫害发生危害的目的,是园林植物病虫害综合治理的基础。常用的措施有:

(1)清洁园圃。

(2)合理轮作、间作、混作或邻作。

(3)加强养护管理,做到合理施肥,要充分使用腐熟的有机肥料,做到N、P、K等各种营养成分配施。科学浇水,浇水要注意方式方法,为防治叶部病害,最好采用沟灌、滴灌或沿盆边浇。浇水量要适宜,浇水时间最好在晴天上午进行。改善环境条件,调节好栽培地的温湿度和通风透光条件。合理修剪整枝,翻耕培土,中耕除草等。

(4)选用抗病虫品种。

(5)培育或选用无病虫的种苗。

(三)物理机械防治法

物理机械防治法就是利用各种物理因素(光、电、热、射线等)和各种机械设备来防治病虫害的方法。

1. 捕杀法

利用人工或简单的器械来捕捉害虫,根据害虫习性来设计捕杀方法。

2. 诱杀法

利用害虫的趋性或某种特殊的生活习性,设置诱集装置进行防治。

(1)灯光诱杀　以黑光灯效果最好,能诱到多种有趋光性的害虫。开灯时间,在成虫盛发期选择闷热、无风雨、无月光的上半夜开灯效果好。

(2)潜所诱杀　利用害虫潜伏、产卵等习性,人为创造适宜于潜伏的场所来诱杀。如草把诱卵、杨枝把诱蛾等。

(3)食饵诱杀　利用害虫的趋化性及喜食的食物制成诱饵来诱杀。如糖醋液诱蛾、毒饵诱杀等。

(4)植物诱杀　利用害虫对植物取食和产卵的趋性,种植合适的植物诱杀。

(5)色板诱杀、银膜驱蚜。

3. 阻隔法

阻隔法是指设置障碍物防止病虫侵入和扩展。如果实套袋可减轻葡萄炭疽病、桃褐腐病、桃蛀螟危害;树干涂白或包扎可防止天牛等产卵,防止冻伤、灼伤和病菌侵害;树干涂胶可防止草履蚧上树危害;防虫网阻隔害虫;地膜覆盖或地面铺草可阻止土壤中的病原菌到叶面上,减轻叶面病害的发生;挖沟阻隔病虫害的扩散蔓延等。

4.汰选法

利用有病虫和无病虫种苗在形态、大小、比重的差异进行分离,剔除有病虫的种苗。常用的方法有筛选、水选、风选、手选等。

5.热力处理法

利用一定的热力来杀死种苗内外及土壤中的病虫。如日光晒种法,将种子用温水浸种(50～60℃,15～30 min)或种子干热处理,苗床或温室夏季覆膜晒土灭菌;温室大棚土壤用蒸汽灭菌(以70～80℃,30 min为宜)等,都可以达到杀菌的效果。

(四)生物防治法

生物防治就是利用有益的生物及其生物代谢物来防治植物病虫害的方法。其优点是安全、不污染环境;不会使有害生物产生抗性和再生猖獗现象;有持久的抑制作用,有一定的预防性;天敌资源丰富,可就地取材或从外地引进。其局限性(缺点)为:受气候条件影响大;使用时间要求严格;防治对象有一定的局限性,只能消灭到一定数量;作用较慢,不能马上见效。生物防治的方法主要包括:

1.以虫治虫

即利用天敌昆虫来防治害虫的方法。

2.以菌治虫

利用害虫病原微生物防治害虫。目前有些已通过人工培养制成了微生物农药。

3.以蛛治虫

蜘蛛是农田中重要的捕食性天敌。主要是保护利用。

4.利用其他食虫动物治虫

要严禁捕杀各种益鸟、蛙类、爬行动物等。利用鸟类控制园林害虫有着广阔的前景。如山东平邑县浚河林场,招引啄木鸟防治光肩星天牛等树干害虫,1 000余亩白杨林内住着啄木鸟2对,经3个冬季天牛由百株80条幼虫下降到0.8条。

5.以昆虫激素治虫

用性外激素或性诱剂诱杀同种雄虫，或喷于田间使雄虫迷失方向，干扰正常交配，降低繁殖系数。或使用保幼激素及蜕皮激素治虫。

6.交互保护作用的利用

当植物受一种病毒的某一株系侵染后，能保护植物不受同一病毒另外株系的侵染，这种现象称为交互保护作用。如在植物发病前先接种弱毒苗便可使植物获得免疫性。如弱毒疫苗N14对烟草花叶病毒引起的病毒病有良好的预防作用、S52对黄瓜花叶病毒引起的病毒病有良好的预防作用。

7.以植物源农药治虫防病

如苦参碱、印楝素、烟碱、鱼藤酮、苦皮藤素、黎芦碱、茴蒿素等植物性杀虫剂、抗毒丰(抗毒剂1号，菇类蛋白多糖)、83增抗剂(食用菜籽油)等。

(五)化学防治法

就是利用化学农药来防治病虫草害及其他有害生物的方法。其优点是高效、快速、简便、应用广泛。但是使用不当是可以造成人畜中毒，作物药害，污染环境；杀伤天敌，破坏生态平衡，造成害虫再生猖獗，还会使有害生物产生抗药性等。

第二节　花卉常见病害及其防治

一、叶、花、果病害

花卉常见病害彩图

1.白粉病（图6-1）

［危害］菊花、月季、百日草、柳叶马鞭草、美女樱等。

[症状识别] 危害初时，在叶片正面、背面出现白色小粉点，逐渐扩展呈大小不等的白色圆形粉斑，严重时整个叶片布满白粉。

[发病规律] 温度 20～25℃，相对湿度 70%～80%的条件下易发病。浇水过多，偏施氮肥，植株徒长，枝叶过密，通风不良，光照不足，湿度增高有利于白粉病发生。

[防治方法] ①选用抗病品种；②及时清理病株和病叶，收后或冬季彻底清除田间病株残体，深翻土壤，减少越冬病源；③加强水肥管理，增强抗病能力；④发病初期及时用药剂防治：木本植物在早春发芽前喷布 3～5 波美度石硫合剂。20%粉锈宁乳油 1 500 倍或 50%翠贝干悬浮剂 5 000 倍或三唑酮等交替使用。每隔 7～10 d 喷施 1 次，连续 2～3 次。

2. 锈病（图 6-2）

[危害] 月季、玫瑰等。

[症状识别] 叶片正面出现很小的橙黄色小点，叶背出现黄色疱斑，成熟后散出黄色粉状物，后期叶背又生黄色夏孢子堆。夏末秋初叶背上又产生黑褐色粉状物，即冬孢子堆。

[发病规律] 6 月下旬至 7 月中旬及 8 月下旬至 9 月中旬为发病盛期。温暖多雨或湿度大有利发病。

图 6-1 白粉病

图 6-2 玫瑰锈病

[防治方法] ①清除病枝叶销毁,结合修剪控制枝条密度;②休眠期喷施3～5波美度石硫合剂。萌发后喷施20%粉锈宁乳油1 500倍或40%福星乳油8 000～10 000倍或12.5%烯唑醇可湿性粉剂3 000倍液交替使用。

3. 叶斑病(图6-3)

叶斑病包括褐斑病、灰斑病、黑斑病、轮纹病、角斑病、叶枯病等。

[危害] 月季、山茶、杜鹃、樱花、荷花、菊花、桂花等。

图6-3　一品红叶斑病

[症状识别] 叶片组织局部受到侵染导致各种形状的斑点。

[发病规律] 在管理粗放,寄主生长衰弱,伤口多及高温高湿、通风透光不良条件下有利发生。

[防治方法] ①清除田间的枯枝落叶和植株上的病组织,集中烧毁,以减少病源;②选用抗病品种,实行轮作;③合理密植,合理修剪,提高通风、透光条件;④合理浇水和施肥;⑤木本植物在早春发芽前喷布3～5波美度石硫合剂。防治真菌性叶斑病常用的药剂有:65%代森锌500倍液;80%大生600倍液;10%世高2 000～3 000倍液;50%多菌灵500倍液;甲基托布津1 000倍液等。防治细菌性叶斑病可喷施200 mg/L农用链霉素,或200 mg/L 10～15 d喷1次,连喷2～4次。

4. 炭疽病(图6-4)

[危害] 八仙花、山茶、茉莉、梅花。

[症状识别] 叶片上病斑圆形或椭圆形。茎、枝梢上的病斑多椭圆形或长条形,凹陷。果实上的病斑多圆形,稍凹陷,可引起烂果。病部中央有黑色小粒点,多呈轮纹状排列,在潮湿条件下病

部常有粉红色或橘红色黏液。

［发病规律］高温高湿、多阴雨或多露多雾有利发病。一般梅雨季节及秋季多雨发病严重。栽植过密，通风透光不良，光照不足，土壤贫瘠黏重，氮肥过多均会加重发病。

［防治方法］①清除病株残体烧毁。选用抗病品种，实行轮作或更换无病土；②选用无病繁殖材料或种子消毒。种子播种前用55℃温水浸种10～15 min，或用50%多菌灵500倍液浸种1 h，或80%炭疽福美200倍液浸种4 h，洗净播种；③控制栽植密度，合理浇水和施肥；④药剂防治80%炭疽福美700～800倍液，其他药剂参照叶斑病防治。每隔7～10 d喷1次，连续喷3～4次。

5.灰霉病（图6-5）

［危害］四季海棠、一串红、非洲菊、鹤望兰等。

图6-4 仙客来炭疽病

图6-5 一串红灰霉病

［症状识别］在潮湿情况下，病部表面均长满灰色霉层。叶片多从叶尖、叶缘开始向里形成“V”形褐色病斑或在叶片上形成圆形或梭形褐色病斑，有轮纹。

［发病规律］较低的温度、高湿、光照不足，温度在20℃，相对湿度在90%以上发病最重。

［防治方法］①加强通风透光，降低湿度；②减少菌源：及时清

除病叶、病花、病株。病田应深翻土壤，大棚温室夏季利用高温闷棚消毒；③及时施药防治：棚室内可选用15%速克灵烟剂或灰霉净烟剂每100 m^2 用37.5 g熏烟。药剂可用50%扑海因1 000～1 500倍液或75%好速净500～600倍液。每隔7～10 d防治1次，连续施2～3次。

6.霜霉病（图6-6）

[危害] 月季、向日葵、紫罗兰等。

[症状识别] 叶片上病斑呈不规则形、黄褐色或淡褐色，边缘不明显。在湿度大时，在叶片病斑背面或其他受病部位长有霜状霉层，霜霉一般为白色或灰白色。病重时叶片上的病斑相互联合成片，最后全叶枯黄而死。

[发病规律] 昼夜温差大、结露时间长或多遇阴雨天，或温室中灌水过多，通风不良相对湿度大，有利发病。春秋季发病严重。

[防治方法] ①②③同叶斑病；④药剂防治：58%瑞毒霉锰锌粉剂500倍液、64%杀毒矾可湿性粉剂400倍液、72%克露可湿性粉剂600～800倍液。

7.疫病（图6-7）

[危害] 百合、非洲菊等。

[症状识别] 苗期至成株期均可发生，根、茎、叶、果均可受害，

图6-6　葡萄霜霉病

图6-7　疫病

引起根腐、茎基腐、茎腐、果腐及枝叶萎蔫等。病斑多水渍状暗绿色或褐色,边界不明显,潮湿时病部有白色霉层,病害发展迅速。

[发病规律] 土传病害。高温高湿有利发病,重茬地发病早而重,浇水过多,土质黏重,排水不良发病重。

[防治方法] ①采用高畦地膜覆盖栽培,合理密植,雨季及时排水,控制湿度。棚内加强通风,防止高温高湿。②发病初期用58%瑞毒霉锰锌粉剂500倍液、64%杀毒矾可湿性粉剂400倍液、72%克露可湿性粉剂600~800倍液。每隔7~10 d喷1次,连续2~3次。

8.病毒病(图6-8)

[危害] 香石竹、百合、菊花、大丽花、唐菖蒲、美人蕉、月季等。

[症状识别] 花叶、明脉、黄脉、斑驳、黄化、碎色花等变色类型和植株矮缩、丛枝、叶片皱缩、小叶、蕨叶等畸形类型,通常变为复合症状。

图6-8 大岩桐病毒病

[发病规律] 主要通过汁液接触传播,嫁接传播,刺吸式口气昆虫传播,土壤中的线虫、真菌等介体传播,无性繁殖材料(接穗、砧木、块根、块茎、鳞茎、球茎、压条、插条等)是病毒的另一种传播途径,少数可通过花粉和种子传播。

[防治方法] ①选用抗病品种;②在无病株上选留繁殖材料;③远离野生毒源寄主植物,发现病株立即拔除;④防治蚜虫、叶蝉、蓟马等刺吸害虫;⑤防止园艺操作过程中的接触传播;⑥采用茎尖培养和热处理脱毒,获得无毒苗;⑦发病初期喷3.95%病毒必克水乳剂500倍液、20%病毒A可湿性粉剂500倍液,或1.5%植病灵乳剂1 000倍液,或抗毒剂1号水剂250~300倍液或83增抗击100倍液。

二、枝干部病害

1. 枯萎病（图 6-9）

[危害] 葫芦科、茄科、香石竹、菊花、翠菊、万寿菊、非洲菊、百合、唐菖蒲等。

图 6-9　非洲菊枯萎病

[症状识别] 从苗期到成株期均可发病。病株枝叶由下而上逐渐黄化萎蔫，茎基部水渍状黄褐色至黑褐色，潮湿时病部表面生白色或粉红色霉状物。剖开病株茎基部，可见维管束变褐色，这是枯萎病的重要特征。

[发病规律] 土传病害，重茬发病重。土温在 24～30℃，土壤含水量高或忽高忽低，有利病菌侵入，病害发展快。酸性土壤、土质黏重、地势低洼，排水不良，偏施氮肥，施用未腐熟肥料及地下害虫、线虫多的地块，均有利于发病。

[防治方法] ①发病重的地块与非寄主作物轮作 5 年以上；②土壤消毒：夏季高温季节，利用日光消毒。大棚浸水、闷棚消毒；③选用无病种子及其他繁殖材料。种子可用 55℃温水浸种 15 min，或 50％多菌灵 500 倍液浸种 1 h；④用新土培育无病盆栽壮苗，提高抵抗力；⑤药剂防治：发病初期，用 40％根腐宁或 50％多菌灵 500 倍液灌根，每株 250 mL。隔 7 d 1 次，连续 2～3 次。喷施 10％世高 1 000 倍液或 50％福美双 1 000 倍。

2. 细菌性枯萎病（青枯病）（图 6-10）

[危害] 茄科、菊花、大丽花、鹤望兰等。

[症状识别] 枝叶失水萎蔫，根部变褐腐烂，维管束变褐色，横切茎基部用手挤压切面有浑浊菌脓流出。

［发病规律］高温高湿环境和微酸性土壤有利于发病。土壤含水量达 25% 以上有利于发病。一般久雨后转晴，土温骤升会造成病害严重发生。

图 6-10 番茄青枯病

［防治方法］①实行轮作；②调节土壤酸度；③用无病土育苗，培育壮苗。移植时少伤根。喷洒 0.001% 硼酸液作根外追肥，可提高抗病能力；④在无病的植株上采用繁殖材料；发现病株及时清理，并撒石灰消毒；⑤药剂防治：发病初期可用 0.15～0.2 g/L 农用链霉素或新植霉素，或 53.8% 可杀得 1 000～1 200 倍液灌根，每株 250～500 mL。10 d 1 次，连续 3～4 次。

3. 细菌性软腐病（图 6-11）

［危害］鸢尾、风信子、君子兰。

［症状识别］病部初期呈水渍状，软腐黏滑，并伴有恶臭。

［发病规律］高温高湿发病严重。浇水过多，害虫危害伤口多，有利发病。重茬，地势低洼，土壤黏重，地面积水，发病重。施用未腐熟有机肥，追肥不当烧根，发病明显加重。

［防治方法］同细菌性枯萎病。

4. 菌核病（图 6-12）

［危害］菊花、雏菊、矢车菊、非洲菊、向日葵、二月兰、紫罗兰、天竺葵等。

［症状识别］主要发生在成株期，茎叶花果均可受害。以茎秆中下部危害最多，初期为水渍状浅褐色，后变灰白色或灰褐色，潮湿时病部腐烂，病茎中空，表面生灰白色菌丝，后期病茎内外有鼠粪状菌核，上部枝叶发黄枯死。叶、花受害，潮湿时呈水渍状腐烂，表面也有灰白色菌丝，也会产生黑色菌核。

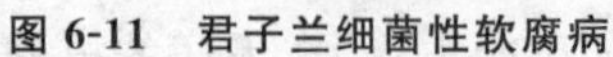

图 6-11　君子兰细菌性软腐病

图 6-12　二月兰菌核病

［发病规律］低温高湿病害，气温在 10～15℃，雨水充沛，湿度高，通风不良发病重，露地春季易发生，保护地晚秋到早春容易发生和流行。连作地发生重。

［防治方法］①及时清除病株烧毁，病田深翻土壤，或炎夏灌水 10 d 以上，杀死菌核；②覆盖地膜加强大棚、温室中的温湿度管理；③药剂防治：保护地可用 15%速克灵烟剂每 100 m^2 37.5 g 熏烟。或喷施 50%速克灵 1 500～2 000 倍液，或 50%扑海因 1 000～1 500 倍。每隔 10 d 防治 1 次，连续用 2～3 次。

三、根部病害

1. 猝倒病（图 6-13）

［危害］彩叶草、紫罗兰、羽衣甘蓝、一串红、秋海棠等。

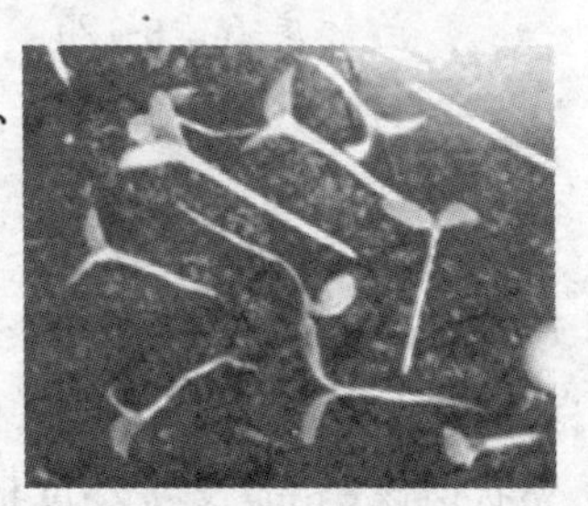

图 6-13　猝倒病

［症状识别］幼苗未出土前被害造成烂种烂芽。出土不久幼苗基部出现水渍状黄褐色病斑，迅速扩展后病部缢缩成细线状而折倒，刚折倒的幼苗依然绿色，苗床湿度高时病苗及周

围的土壤长出白色絮状霉。

[发病规律] 土传病害。病菌以卵孢子或菌丝在土壤中及病残体上越冬，并可在土壤中长期存活。主要靠雨水、喷淋而传播，带菌的有机肥和农具也能传病。病菌在土温 15～16℃时繁殖最快，适宜发病地温为 10℃，故早春苗床温度低、湿度大时利于发病。光照不足，播种过密，幼苗徒长往往发病较重。浇水后积水处或薄膜滴水处，最易发病而成为发病中心。幼苗刚出土不久遇寒流侵袭或连续低温阴雨天气，易诱发猝倒病。

[防治方法] ①选择排水较好，干净的土壤育苗；②播种均匀不过密，适当通风换气，调节好苗床的温湿度；③80％的苗出土后，及时施用苗菌敌 1 次，如出现病株立刻清除，施用 58％瑞毒霉锰锌 500～800 倍液或 64％杀毒矾 500 倍液，7～10 d 1 次，连用 2～3 次。为控制苗床湿度，选择在上午施药。

2. 立枯病（图 6-14）

[危害] 鸡冠花、菊花。

[症状识别] 多发生在幼苗中后期或幼茎木质化后，主要危害幼苗茎基部或地下根部，初为椭圆形或不规则暗褐色病斑，病苗早期白天萎蔫，夜间恢复，病部逐渐凹陷、溢缩，有的渐变为黑褐色，当病斑扩大绕茎一周时茎干枯死亡，但不倒伏。苗床湿度大时，病部可见不甚明显的淡褐色蛛丝状霉。

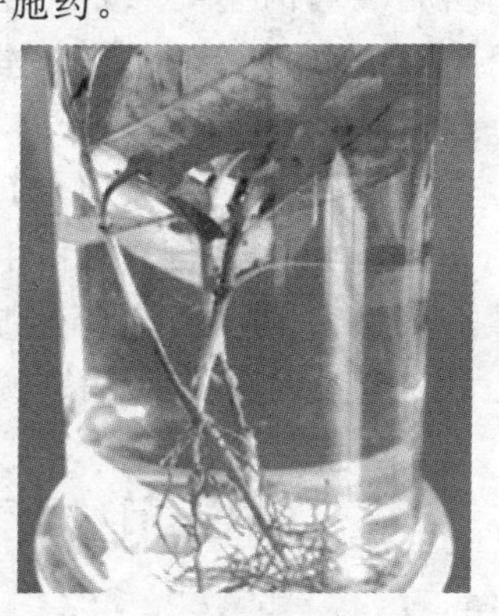

图 6-14 立枯病

[发病规律] 土传病害。幼苗中后期苗床湿度较高，光照不足，湿度大，幼苗生长纤细瘦弱，易发生立枯病。

[防治方法] ①选择排水较好，干净的土壤育苗；②播种均匀不过密，适当通风换气，调节好苗床的温湿度；③出现病株立刻清

除，施用5%井冈霉素250倍液或23%宝穗胶悬剂3 000倍液，7～10 d 1次，连用2～3次。为控制苗床湿度，选择在上午施药。

3. 白绢病（图6-15）

［危害］芍药、牡丹、凤仙花、美人蕉、菊、郁金香、玉簪、荚蒾等。

［症状识别］主要发生于根、根茎及基生叶片基部。病部呈水渍状黄褐色或红褐色湿腐，上生白色绢丝状菌丝层，呈辐射状蔓延。后产生油菜籽状的黄白色至棕褐色小菌核。全株枯死，易拔起。基生叶易脱落。

图6-15 白绢病

［发病规律］土传病害。高温高湿是发病的主要条件。土壤疏松湿润，株丛过密有利发病。连作地、酸性土壤发病较多。

［防治方法］①与禾本科作物轮作；②栽植不过密，适当控制浇水；③发现病株及时清理，病穴施石灰消毒。因病菌不耐水浸泡，病土可集中倒入水田中消毒；④发病初期可浇灌40%根腐宁400～500倍液或70%甲基托布津800倍液；⑤采用绿色木霉菌制剂与培养土混合种植，按土重的0.5%混入。

第三节 花卉主要虫害及其防治

一、食叶害虫

花卉主要虫害彩图

1. 刺蛾（图6-16）

刺蛾种类很多，本地常见的刺蛾有：黄刺蛾、褐边绿刺蛾、褐刺蛾、扁刺蛾。

[危害] 芍药、牡丹、月季、桂花、紫薇、樱花等。

[识别] 刺蛾幼虫短而肥，头小，缩入前胸，胸足小而退化，体表有枝刺，枝刺有毒。成虫体型中等大小，短而粗，身体表面覆盖的毛有黄、褐、绿之分，常常有红色或暗色的斑纹。

[活动规律] 一般成虫白天隐蔽在枝叶间，草丛或其他遮蔽物之下，夜间出来活动，具有程度不一的趋光性。低龄幼虫具有群集性。每年 2 代，危害期在 6～9 月。老熟幼虫除黄刺蛾化蛹做茧于树干上，其余 3 种刺蛾都于土壤缝隙中结茧化蛹。也偶有绿刺蛾于枝干、叶片上结茧化蛹。

[防治方法] ①灭除蛹茧，摘除带初孵幼虫的叶片；②黑光灯诱杀成虫；③药剂防治一般掌握在虫龄 2～3 龄时，常用药剂有 90%晶体敌百虫 1 000 倍液，50%辛硫磷乳油 1 000～1 500 倍液，20%杀灭菊酯乳油 2 000～3 000 倍液、1%甲维盐乳油 2 000～3 000 倍液等。

2. 袋蛾（图 6-17）

本省常见的袋蛾种类有：大袋蛾、茶袋蛾、桉袋蛾。

[危害] 多数观赏植物。

[识别] 幼虫肥胖，胸足发达，腹足有单序趾钩，形成椭圆形

图 6-16 绿刺蛾

图 6-17 茶袋蛾

圈，能吐丝，并与枝叶形成袋形的巢，背着行走。成虫体黑褐色，雄虫有翅，前翅有几处透明斑。有复眼，触角羽状，喙退化。雌虫无翅、无足，肥胖如蛆，终身居住在幼虫所形成的巢内。

［活动规律］幼虫在护囊内悬挂于枝条上越冬。5 月上中旬羽化长卵于护囊内，5 月下旬孵化结护囊危害。

［防治方法］①摘除越冬护囊；②用黑光灯或雌性激素诱杀雄成虫；③药剂防治在低龄幼虫发生盛期，及时喷药，常用药剂有 90％晶体敌百虫 1 000 倍液；2.5％溴氰菊酯乳油 2 000 倍液。

3. 斜纹夜蛾（图 6-18）

［危害］多数观赏植物。

［识别］老熟幼虫体长 33～50 mm，体色黄绿色至黑褐色，中胸至第 9 腹节背面两侧各有 1 对近三角形的黑斑。成虫体暗褐色，胸部背面有白色丛毛，前翅褐色多斑纹，自前缘基部 1/3 处斜向后缘有一条明显的灰白色带状斜纹。后翅白色。

图 6-18　斜纹夜蛾

［活动规律］浙江省一年发生 5～6 代，以幼虫和蛹在土下越冬。全年中 7～9 月幼虫危害最严重。成虫对黑光灯及糖醋液有强烈的趋性，卵产在叶背呈卵块，上覆毛。幼虫孵化后具有群集性，先群集在叶背卵壳附近取食叶肉，2 龄后开始分散。4 龄开始出现背光性，傍晚出来取食，进入暴食期，有假死性。幼虫老熟后入土作土室化蛹。

［防治方法］①冬季结合翻耕，消灭越冬虫蛹；②用黑光灯或糖醋液诱杀成虫，糖醋液配方，糖∶醋∶酒∶水为 3∶3∶1∶10，加 0.1％敌百虫或拟除虫菊酯类杀虫剂；③清除园内杂草，或于清晨或傍晚在草丛中捕杀幼虫。人工摘除卵块和幼虫初孵群集时

摘除虫叶；④药剂防治在低龄幼虫发生盛期，及时喷药，常用药剂有10%除尽2 000倍液；奥绿1号1 000倍液或1%甲维盐乳油2 000～3 000倍液。

4. 银纹夜蛾（图6-19）

[危害] 主要危害菊花、大丽花、美人蕉、海棠、一串红、豆科、十字花科等花卉。幼虫危害叶片呈缺刻或孔洞。

[识别] 老熟幼虫体长约30 mm，淡绿色，虫体前端较细，后端较粗。头部绿色，两侧有黑斑；胸足及腹足皆绿色，第1、2对腹足退化，行走时体背拱曲。体背位于背中线两侧有6条纵向白色细线，体侧具白色纵纹。成虫体长12～17 mm，翅展32 mm，体灰褐色，胸部有两束毛耸立。前翅深褐色，具2条银色横纹，翅中有一显著的U形银纹和一个近三角形银斑，后翅暗褐色，有金属光泽。

[活动规律] 嘉兴一年发生4代，以蛹在附近枝叶上越冬。4～5月始见蛾，11月下旬终见蛾。田间5～11月均可见幼虫。成虫有趋光性，卵散产于叶背。初孵幼虫群集叶背取食叶肉，能吐丝下垂，3龄后分散危害。幼虫有假死性。

[防治方法] 同斜纹夜蛾。

5. 凤蝶（图6-20）

[危害] 芸香科、樟科、伞形花科等。

图6-19 银纹夜蛾

图6-20 柑橘凤蝶

[识别] 幼虫前胸背板具有能伸缩的"Y"字形臭腺角，受惊时伸出。成虫体大而美丽；后翅外缘呈波状或后翅臀角扩展成鸢尾状。主要有玉带凤蝶和柑橘凤蝶。

[活动规律] 嘉兴玉带凤蝶1年4代，柑橘凤蝶1年3代，均以蛹在枝叶、篱笆等处越冬。成虫白天活动，卵产于枝梢、嫩叶尖端。危害期5～9月。

[防治方法] ①人工捕杀蛹、幼虫和卵；②幼虫发生多时，可喷100亿活孢子/g青虫菌500～1 000倍，或20%杀灭菊酯3 000倍液，或90%敌百虫1 000倍液。

6. 菜粉蝶（图6-21）

[危害] 十字花科植物。

[识别] 幼虫出孵化时为灰黄色，后逐渐转变陈青绿色，体圆筒形，背线淡黄色，体上生短细毛。成虫体长12～20 mm，翅展45～55 mm，翅白色有黑斑。

图6-21 菜粉蝶

[活动规律] 嘉兴1年发生8～9代，以蛹在菜地附近越冬，次年3月上旬羽化。成虫喜在晴朗的白天飞舞，取食花蜜和产卵，卵散布于叶背。1、2龄幼虫在叶背取食下表皮和叶肉，5龄进入暴食期，老熟后在下部叶背叶柄处化蛹。4～6月、9～11月发生严重。

[防治方法] ①清洁田园，消灭虫蛹，与十字花科植物轮作；②人工捕捉幼虫和蛹；③生物防治：用青虫菌、苏云金杆菌、杀螟杆菌等Bt制剂防治，80亿～100亿个活孢子/g稀释800～1 000倍；④药剂防治：2.5%高效氟氯氰菊酯乳油2 000～2 500倍，15%安打3 000倍，25%灭幼脲3号悬浮剂500～1 000倍。

7. 蔷薇叶蜂（图6-22）

[危害] 月季、蔷薇、玫瑰等蔷薇科植物。

［识别］老熟幼虫体长 23 mm，体黄绿色，中胸至腹部第 8 节各有 3 横列黑色毛片，腹足 6 对，着生在腹部第 2～6 节和尾节上。成虫体长 7.5 mm，翅展 17 mm。头、胸、翅及足黑色，有光泽。腹部橙黄色，膝状触角黑色，鞭节 3 节。

［活动规律］嘉兴发生 5～6 代，老熟幼虫在土中结茧越冬。4 月下旬至 5 月上旬出现成虫，5 月中下旬至 11 月可见幼虫危害。卵产在嫩枝组织内成卵块，孵化后爬到附近叶片上群集危害。老熟后在附近的浅土层或枯叶下结茧化蛹。

［防治方法］①结合冬耕挖除土中的越冬虫茧。刮除卵块，摘除幼虫叶；②幼虫危害期，可喷施 90%敌百虫 1 000 倍液、48%乐斯本 1 500 倍液，或 20%杀灭菊酯 2 000 倍液。

8. 美斑潜叶蝇（图 6-23）

［危害］危害葫芦科、豆科、十字花科、茄科、旋花科、菊科等 26 个科 300 多种植物。

图 6-22 蔷薇叶蜂

图 6-23 美斑潜叶蝇

［识别］幼虫初孵时无色，后变为浅橙黄色至橙黄色，长约 3 mm。成虫小，体长为 1.3～2.3 mm，浅灰黑色，胸背板亮黑色，体腹面黄色。以幼虫潜入叶片和叶柄危害，在叶片表皮组织下造成蛇形弯曲不规则的白色隧道，破坏叶绿素，影响光合作用，严重

的可造成叶片脱落。

[活动规律] 嘉兴5～10月危害严重，温室内周年可见。成虫一般于白天8:00～14:00活动，中午活跃，交配后当天可产卵，雌成虫刺伤叶片取食汁液并在其中产卵。老熟幼虫爬出隧道在叶面上或随风落地化蛹。

[防治方法] ①用黄板诱杀成虫；②清洁田园，发现少量受害叶片，可找到幼虫捏死，或摘除叶片；③与非寄主或劣食性寄主轮作；④药剂防治：75%灭蝇胺（潜克）5 000～7 000倍液，或1.8%阿维菌素1 000～2 000倍液，每隔7 d 1次，连续2～3次。

9. 灰巴蜗牛和蛞蝓（图6-24）

[危害] 温室大棚、阴雨高湿天气或潮湿地、种植密度大时发生严重。可危害多种花卉，啃食幼嫩茎叶。

[识别] 蜗牛体背背负着螺旋形贝壳，成虫的外壳呈偏球形。蛞蝓不具贝壳，体长形柔软。

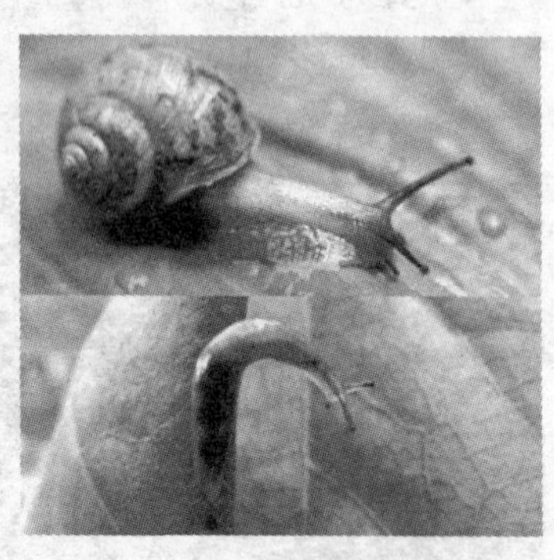

图6-24 灰巴蜗牛和蛞蝓

[活动规律] 1年发生1代。喜阴湿，有昼伏夜出的习性，白天躲在草丛、土缝、落叶、花盆底部等处，夜间出来危害，阴雨天可整天活动危害。危害期3月中旬至10月。土壤干燥或温度在30℃以上均会大量死亡。

[防治方法] ①在清晨或阴雨天人工捕捉；或傍晚在田间堆放鲜草、菜叶诱之，清晨集中捕捉；②5月间蜗牛产卵盛期，及时中耕除草，消灭卵粒；③喷洒1%石灰水或6%四聚乙醛颗粒剂（密达）。

二、刺吸害虫

1. 蚜虫(图 6-25)

[危害] 月季、菊花、杜鹃等。

[识别] 体型微小,触角长,通常有 6 节,末节中部起突然变细。蚜虫可分为无翅型和有翅型。

[活动规律] 蚜虫繁殖很快,1 年可繁殖 10～20 多代,温暖干旱有利蚜虫的发生危害,主要发生于春秋季。在寄主上产卵越冬。

[防治方法] ①黄板诱杀;②清除田间杂草、修剪有虫卵的枝梢,减少虫源;③保护和利用天敌,蚜虫的天敌有瓢虫、草蛉、食蚜蝇、蜘蛛等;④药剂防治:10％吡虫啉 3 000 倍液、25％吡蚜酮 2 000 倍液、20％杀灭菊酯 3 000 倍液。

2. 粉虱(图 6-26)

[危害] 菊花、杜鹃、天竺葵、一串红、茉莉、月季等。

[识别] 成虫体型微小,体表覆盖有白色的蜡粉,有翅。常见的种类有:温室白粉虱子、烟粉虱。受害叶片褪色变黄、凋萎,重时全株枯死。其排泄物宜诱发煤污病。

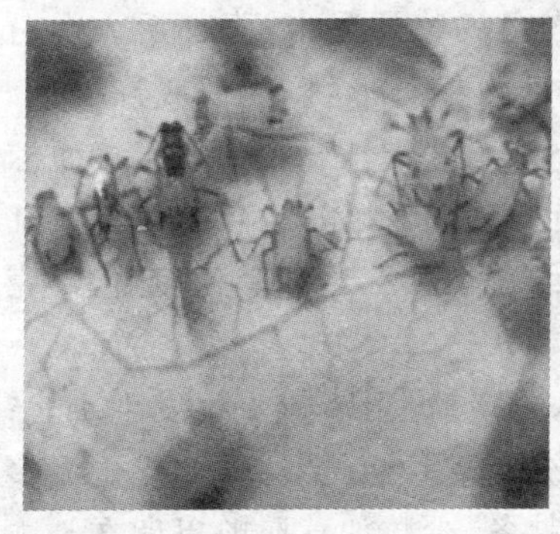

图 6-25 蚜虫

图 6-26 烟粉虱

[活动规律] 一年发生10多代,在温室内可终年繁殖。成虫喜欢群集在上部叶背取食和产卵。中部叶片若虫为多,下部叶片以蛹为多。成虫有趋光、趋黄色性,忌白色和银灰色的习性。

[防治方法] ①黄板诱杀或用镀铝板趋避;②清除田间杂草,结合修剪摘除带虫老叶;③保护和利用天敌。粉虱的天敌有瓢虫、草蛉、丽蚜小蜂等;④药剂防治:10%吡虫啉3 000倍、10%烯啶虫胺1 500倍液、20%杀灭菊酯3 000倍液、25%扑虱灵2 500倍液。

3.蚧类(图6-27)

蚧类又称介壳虫,常见的种类有:草履蚧、红蜡蚧、吹绵蚧、日本灰蜡蚧、桑白盾蚧、紫薇绒蚧等。

图6-27 龟蜡蚧

[危害] 多种木本植物。以若虫和雌成虫固定在植株的枝干、叶片、芽等处刺吸植物汁液,造成树势衰弱、叶片脱落、枝条和嫩芽枯死。同时易诱发煤污病。

[识别] 吹绵蚧:雌虫身体橘红色,卵圆形,无翅,体外覆盖有黄白色的蜡质粉末,腹部后方有白色卵囊;雄成虫橘红色有1对翅;若虫椭圆形,橘红色或红褐色。草履蚧:雌虫扁平,沿身体边缘分节较明显,呈草鞋底状,背面棕褐色,腹面黄褐色,被一层霜状蜡粉;雄成虫体紫红色,有翅。红蜡蚧:雌虫椭圆形,背面有较厚暗红色至紫红色的蜡壳覆盖,蜡壳顶端凹陷呈脐状;雄成虫体暗红。

[活动规律] 草履蚧、红蜡蚧、龟蜡蚧、角蜡蚧1年发生1代;吹绵蚧、茶圆蚧、桑白盾蚧、紫薇绒蚧等1年发生2~3代。大多以雌成虫和若虫在枝干或叶片上越冬,少数如草履蚧以卵在土中越冬。

[防治方法] ①加强植物检疫,及时处理有虫的苗木;②合理修剪、整枝,刮除虫体。剪下的有虫枝叶及时集中烧毁;③保护天敌。蚧类的天敌有寄生蜂和瓢虫;④冬季或早春在花木萌动前喷20%融杀蚧螨(松脂酸钠)100～150倍液或3～5波美度石硫合剂。发生期用药:30%力蚧乳油800～1 200倍液、50%蚧死清乳油800倍液、40%乙酰甲胺磷2 000倍液等。

4. 网蝽(图6-28)

网蝽常见的有梨冠网蝽、杜鹃冠网蝽等。

图6-28 梨网蝽

[危害] 杜鹃、樱花、月季、海棠等。

[识别] 体小而扁,前胸背板向后延伸成扇形盖住小盾片,有网状花纹。前翅部分革片与膜片,有网状花纹。前翅合拢,翅上的黑斑连成"X"形。以成、若虫群集在叶背吸取汁液,被害叶面布满苍白色斑点,排泄物附在叶背能诱发煤污病,受害重时,引起叶片早期脱落。

[活动规律] 梨冠网蝽:1年发生4～5代,4月中旬,越冬成虫开始上树群集于叶背取食产卵。第一代若虫5月中旬盛发,7～9月危害最重。杜鹃冠网蝽:1年5～6代,每年3月下旬至4月中旬越冬成虫和若虫开始活动。全年5～9月发生量最大。世代重叠严重。

[防治方法] ①清洁田园,冬季翻耕土壤,减少虫源;②药剂防治:重点抓住越冬成虫和第一代若虫进行防治。虫量不多时,可喷水清洗。可喷施10%吡虫啉1 500倍液、10%氯氰菊酯1 000倍液、2.5%功夫乳油2 500～3 000倍液。

5. 螨类(图6-29)

危害植物的螨类主要有叶螨(朱砂叶螨、二点叶螨)、跗线螨、瘿螨。

图 6-29　螨虫

［危害］樱花、海棠、茉莉、山茶、柑橘等。

［识别］体微小，体躯无头、胸、腹三段之分，三者愈合，无翅无眼或幼 1～2 对单眼，有 4 对步足（少数 2 对，幼螨 3 对），体圆形或卵圆形。

［活动规律］高温干旱有利发生，朱砂叶螨、二点叶螨 7～8 月最严重，柑橘全爪螨 4～6 月危害严重，跗线螨 3～4 月间开始活动，6～7 月危害严重。

［防治方法］①冬季和早春清洁田园；②保护和利用天敌：螨虫的天敌有瓢虫、隐翅虫、草蛉、食蚜蝇、蜘蛛；③冬季树木休眠期喷洒 3～5 波美度石硫合剂。药剂防治：73％克螨特 2 000～3 000 倍液、50％溴螨酯 2 000 倍液、15％哒螨灵 2 500～3 000 倍液。交替使用。

三、钻蛀害虫

1. 天牛（图 6-30）

［危害］樱花、海棠等。

图 6-30　星天牛

［识别］身体长形，不同种类体形大小差异大。触角丝状，通常超过体长。复眼肾形，包围于触角基部。幼虫圆筒形，粗大肥壮。体色多为乳白色或淡黄色。头小、无足或足小。常见的天牛种类有：星天牛、光肩星天牛、桑天牛、桃红颈天牛、菊天牛、黄星天牛等。

［活动规律］以幼虫蛀干危害，初孵幼虫先在皮层部分危害，稍大后深入到树干木质部蛀食成虫道，纵横钻蛀，虫道内充满虫粪和木屑，有的隔一定距离有排粪孔，树木周围堆满木屑状虫粪。成虫仅取食花粉、嫩树皮、嫩枝叶、有些不再取食。产卵部位多在离地面 2 m 以内的树干上。1 年 1 代或 2～3 代或 4～5 代。多以幼虫在树干隧道内越冬，老熟后在隧道内化蛹。成虫发生盛期一般在 5～7 月。

［防治方法］①捕捉成虫：星天牛、光肩星天牛、红颈天牛可在 6～7 月每天 11:00～14:00 进行捕杀，桑天牛可在晚上用灯光诱杀；②灭卵：在天牛产卵盛期在树干上寻找产卵痕迹，发现后，清除。在成虫发生前树干涂白或包扎，防止产卵；③钩杀幼虫：8～9 月间在幼虫未蛀入木质部前寻找树干上新鲜排粪孔，刺死或钩杀幼虫；④药剂防治：用 80%敌敌畏或 50%杀螟松等 50 倍液注入蛀孔或用氯化铝片剂 0.5～1 g/孔塞入蛀孔内，并用湿泥封死蛀孔。此外，对受害严重的植株及时清理掉。

2. 咖啡木蠹蛾（图 6-31）

［危害］月季、樱花、山茶、杜鹃、海棠等。以幼虫钻蛀枝条或茎干，严重时使之枯死。

［识别］老熟幼虫体长约 30 mm，头部黑褐色，体色为紫红色或深红色，尾部淡黄色。体上各节有颗粒状小突起，上有白毛 1 根。成虫前翅半透明，翅上布满大小不等的青蓝色斑点。后翅外缘有青蓝色斑点。

［活动规律］1 年 1 代。幼虫在被害枝条虫道内越冬。5 月中旬成虫开始羽化。5 月底至 6 月上旬，孵化后的幼虫在叶腋或嫩梢顶端的芽腋处蛀入，1～2 d 后蛀孔以上的叶片或新梢枯萎。可多次转梢危害。虫龄增大后向下部 2 年生枝条钻蛀，隔一定距离向外蛀一排粪孔，枝条很快枯死。10 月下旬至 11 月初越冬。

［防治方法］①及时剪除被害枝条，砍掉被害严重的花木，并

集中烧毁;②在卵孵化期,幼虫蛀入枝干前,喷施 50%杀螟松、2.5%溴氰菊酯或 20%杀灭菊酯 3 000 倍液;③对已蛀入枝干内的害虫可从蛀孔注入敌敌畏、杀螟松或磷化铝片剂,方法见天牛。

3. 大丽花螟蛾(图 6-32)

[危害] 向日葵、菊花、美人蕉、唐菖蒲、大丽花等。幼虫钻蛀茎干、果实危害,受害重的植株几乎不能开花,果实腐烂。

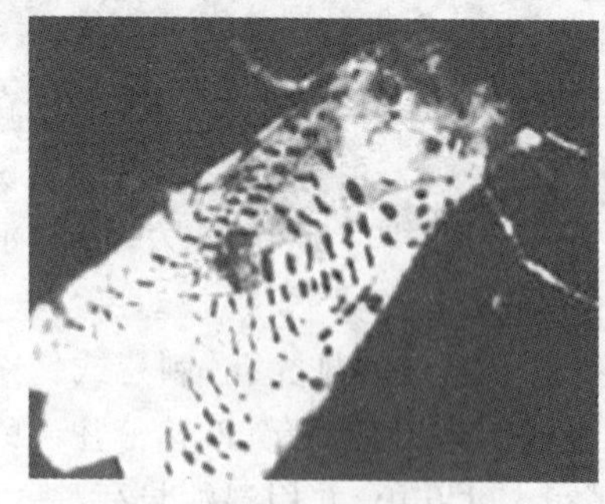

图 6-31 咖啡木蠹蛾

图 6-32 大丽花螟蛾

[识别] 老熟幼虫体长 20～30 mm,淡褐色或淡红色,头壳及前胸背板深褐色。雄成虫前翅浅黄色或深黄色,内、外横线锯齿状中央有 2 个小褐斑。雌成虫前翅淡黄色,后翅黄白色,腹部较肥大。

[活动规律] 1 年发生 4 次,5 月上旬至 9 月下旬以老熟幼虫在寄主茎干内越冬。以 6 月上中旬发生的第一代幼虫危害最重。成虫有趋光性,卵产在花芽及叶基部成卵块,孵化后从叶基部及花芽蛀入。

[防治方法] ①冬季剪除烧毁大丽花茎干及其他寄主秸秆;②用黑光灯诱杀成虫;③药剂防治,在卵孵化期,幼虫蛀入枝干前,喷施 50%杀螟松、2.5%溴氰菊酯或 20%杀灭菊酯 3 000 倍液;④对已蛀入枝干内的害虫可从蛀孔注入敌敌畏、杀螟松或磷化铝片剂,方法见天牛。

四、地下害虫

1. 小地老虎(图 6-33)

图 6-33 小地老虎

[危害] 食性杂,危害百余种植物。菊花、百日草、桂花、羽衣甘蓝、含笑等。

[识别] 老熟幼虫体长 37～50 mm,头部褐色,体褐色至暗褐色,体表布满大小不一的突起,背线、亚背线及气门线均为黑褐色;前胸背板暗黑色,黄褐色臀板上具两条明显的深褐色纵带。成虫头、胸部背面暗褐色,足褐色,前翅褐色,黑色波浪形内横线双线,黑色环纹内有一圆灰斑。

[活动规律] 1 年 4～5 代,以老熟幼虫和蛹在土下越冬。以第一代幼虫危害春播植物幼苗最严重,4 月中旬开始危害,4 月下旬至 5 月上旬危害最重。5～6 月之交在土中作土室化蛹。成虫对糖醋液及黑光灯有强烈的趋性。卵产在杂草上、土块下,也有产在作物近地面的茎叶和根茬上。1、2 龄幼虫昼夜取食嫩叶,3 龄后白天潜入土下,晚上出来危害幼苗嫩茎,食量大,具有假死性。一般土壤湿度大,保水性好,前作是绿肥、蔬菜地及杂草多得田块受害严重。

[防治方法] ①清除杂草,消灭虫卵;②诱杀成虫,捕捉幼虫。在成虫发生期可用糖醋液或黑光灯诱杀成虫;在高龄幼虫发生时于清晨或晚上进行人工捕捉,或用莴苣叶、泡桐叶诱杀幼虫(每亩用 70～90 片),清晨在叶下捕捉幼虫,5 d 换 1 次;③及时灌水杀虫;④在低龄幼虫发生期用 90%敌百虫 1 000 倍液、50%辛硫磷 1 000倍液或 25%杀虫双 500 倍喷雾。土壤处理:3%毒死蜱或护地净颗粒剂亩用 3～4 kg 于苗床期沟施或撒施,覆土后播种,移栽期可穴施,生长期于行侧开沟施药后覆土。

2.蝼蛄(图 6-34)

[危害]危害多种花卉。以成虫和若虫食害刚播的种子和幼苗,咬断根茎基部,切口不齐成乱麻状。此外,蝼蛄还在表土层挖隧道,使幼苗根土分离而干死。

[识别]体狭长,头小,圆锥形。复眼小而突出,触角短。前胸背板椭圆形,背面拱起如盾。前足粗壮,为开掘足。

[活动规律]1 年发生 1 代。冬季以成虫、若虫在土层深处越冬(45～160 cm),过清明后开始进入表层土活动,4 月中旬开始出洞危害。夏季潜入土中(30～40 cm)产卵,9 月中旬有到地面危害。至 11 月后陆续越冬。蝼蛄昼伏夜出危害,喜欢温暖潮湿的腐殖质土壤。

[防治方法]①结合翻耕,春季灭越冬虫,夏季灭越夏卵;②点灯诱杀成虫;③用 50%辛硫磷按种子量 0.1%～0.2%拌种,拌匀后堆放 4～6 h,晾干后即可播种。

图 6-34 蝼蛄

3.蛴螬(图 6-35)

[危害]成虫、幼虫食性杂,危害多种花卉。成虫危害叶片,幼虫危害地下根茎及刚萌发的种子,特别喜食柔嫩多汁液的根茎,切口整齐。

[识别]幼虫体型肥大,弯曲呈“C”形,大多数为白色,少数黄

图 6-35 蛴螬

白色。头褐色,上颚明显,头部生有左右对称的刚毛。成虫触角鳃叶状,大黑金龟子鞘翅暗黑色,有光泽。暗黑金龟子鞘翅也是暗黑色,但是暗淡无光;铜绿金龟子体色为铜绿色,且鞘翅上有明显的金属光泽。

[活动规律] 浙江省 5～7 月为各种金龟子成虫活动盛期,成虫白天潜伏在土中,傍晚出来活动取食产卵,卵产在土中,有强烈的趋光性和假死性。4～6 月和 9～10 月为幼虫危害盛期。

[防治方法] ①成虫:捕杀或点灯诱杀,或喷 90％敌百虫或 50％辛硫磷 1 000 倍液;②幼虫:翻耕整地,捕杀幼虫;药剂拌种同蝼蛄;3％毒死蜱或护地净颗粒剂亩用 3～4 kg 或 50％辛硫磷 500 mL/亩加湿润细土 15～25 kg 撒入土中,然后翻耕。植物生长期受害,可用 90％敌百虫或 50％辛硫磷 1 000 倍液或 48％乐斯本 1 000 倍液灌根。

参考文献

[1] 包满珠.花卉学[M].北京:中国农业出版社,2003.
[2] 曹春英.花卉栽培[M].北京:中国农业出版社,2001.
[3] 陈玉琴,汪霞.花卉病虫害防治[M].杭州:浙江大学出版社,2012.
[4] 董丽.园林花卉应用设计[M].2版.北京:中国林业出版社,2010.
[5] 刘燕.园林花卉学[M].北京:中国林业出版社,2003.
[6] 施雪良,庄应强.花卉生产[M].杭州:浙江大学出版社,2012.
[7] 王莲英,秦魁杰.花卉学[M].2版.北京:中国林业出版社,2016.
[8] 王意成.观赏花木养护与欣赏[M].南京:江苏科学技术出版社,2015.
[9] 张俊叶.花卉栽培技术[M].北京:中国轻工业出版社,2014.
[10] 赵祥云,陈新露,王树栋,等.礼品盆花生产手册[M].北京:中国农业出版社,2002.
[11] 赵祥云,侯芳梅,陈沛仁.花卉学[M].北京:气象出版社,2001.
[12] 赵寅,焦春梅,郑代平.花卉栽培实用技术[M].北京:中国农业科学技术出版社,2011.
[13] 朱西儒,曾宋君.商品花卉生产及保鲜技术[M].广州:华南理工大学出版社,2012.